# Spaß mit Mathe

Laß die Moleküle rasen,
was sie auch zusammenknobeln!
Laß das Tüfteln, laß das Hobeln,
heilig halte die Ekstasen!
*Christian Morgenstern*

# VERLAG
# WERNER DAUSIEN · HANAU

**Vorhang auf!**

Konrad Haase, Peter Mauksch (Hrsg.),
Eberhard und Elfriede Binder (Illustrationen im Text)
sowie 138 Aufgabenakteure
veranstalten für Sie
eine gedankenspielerische Show in der Mathe-Arena.
Wir wünschen Ihnen viel Spaß!

# Spaß mit Mathe

## Mathematische Denksportaufgaben

Dieses Buch entstand auf der Basis der Titel
J. Lehmann, Kurzweil durch Mathe, Freyer/Gäbler/Möckel,
Gut gedacht ist halb gelöst, Kordemski, Köpfchen, Köpfchen.
Wir bedanken uns für die freundliche Unterstützung.

Verlag Werner Dausien · Hanau
2. Auflage 1985 · Alle Rechte vorbehalten
© Urania-Verlag Leipzig · Jena · Berlin
Printed in the German Democratic Republic
ISBN 3-7684-4324-8

# Inhalt

**1**

**Ein Hauch Genie**
oder
Die unmystische Wiederkunft
meisterlicher Vollkommenheit
**7**

**2**

**Flinke Füße**
oder
Vom Wagemut eines Turmspringers
**21**

**3**

**Ein mathematischer pas de deux**
oder
Verführungen zum fernsehfreien Tag
**37**

**4**

**Der Tausendfüßler**
oder
Von der Weisheit gedanklichen Gleichschritts
**65**

**5**

**Magier und Pharaonen**
oder
Wie die Zahl ein Universum regiert
**85**

**6**

**Dinge der Welt**
oder
Von der Mühsal, die Augen zu öffnen
**99**

**7**

**Logik im Wettstreit**
oder
Früh übe sich, wer ein Meister werden will
**121**

5

# Ein Hauch Genie

---

### oder
### Die unmystische Wiederkunft
### meisterlicher Vollkommenheit

### 1. Eratosthenes von Kyrene (284 bis 202 v. u. Z.)

Der griechische Gelehrte und Dichter Eratosthenes ist vor allem bekannt durch die Einführung einer chronologischen Zählung nach Olympiaden sowie durch sein dreibändiges geographisches Werk, in dem er als erster eine umfassende kartographische Aufnahme der Erdoberfläche versuchte. Eratosthenes führte eine erstaunlich genaue Messung des Erdumfangs durch. Er wußte, daß in Assuan (Oberägypten) die Sonne am Mittag des längsten Tages im Zenit steht. Zu diesem Zeitpunkt bestimmte er den Winkel, unter dem man in Alexandria die Sonne sieht, und fand eine Abweichung von 7,5° zum Lot. Nach seiner Messung liegt Alexandria 5000 ägyptische Stadien nördlich von Assuan. Mit Hilfe dieser Angaben berechnete er den Erdumfang.

a) Wieviel ägyptische Stadien zählte der Erdumfang?

b) Rechnen Sie diesen Wert in km um, wenn einem ägyptischen Stadion 184,72 m entsprechen!

c) Vergleichen Sie den damals ermittelten Erdumfang mit dem heute allgemein bekannten, d. h. etwa 40 000 km!

### 2. Heron von Alexandria (1. Jh. u. Z.)

Der griechische Mathematiker und Mechaniker Heron von Alexandria verfaßte die besten und ausführlichsten uns erhalten gebliebenen Fachschriften der Antike. Seine „Metrika" enthält erstmals Regeln zur Berechnung von Flächen und Körpern, seine „Mechanika" Angaben über Wirkungsweise und Anwendung einfacher Maschinen.

Die folgende Aufgabe geht auf Heron zurück, historisch verbürgt ist sie nicht:

Es gibt 4 Springbrunnen. Der erste füllt die Zisterne täglich, der andere braucht 2 Tage, der dritte 3 Tage und der vierte gar 4 Tage. Welche Zeit brauchen sie zugleich, um die Zisterne zu füllen?

### 3. Bhaskara I (6. Jh. u. Z.)

Bhaskara I gilt als großer indischer Mathematiker. Er entwickelte das dezimale Zahlensystem seines Lehrers Âryabhata weiter, indem er dem System Stellenwertcharakter gab.

Hier eine Aufgabe von ihm:

Es sollen natürliche Zahlen bestimmt werden, die bei der Division durch 2, 3, 4, 5 und 6 den Rest 1 ergeben und darüber hinaus durch 7 teilbar sind.

## 4. Leonardo von Pisa (1175 bis 1250)

Anfang des 13. Jahrhunderts lebte in Pisa der Meister der Zahlentheorie und geschickte Rechner Leonardo mit dem Beinamen „von Pisa". Man nannte ihn auch Fibonacci.

Leonardos hohes Ansehen veranlaßte eines Tages im Jahre 1225 Friedrich II., Kaiser des Heiligen Römischen Reiches Deutscher Nation, in Begleitung einer Gruppe von Mathematikern, die den Meister öffentlich prüfen wollten, nach Pisa zu kommen.

Eine der Aufgaben, die auf dem Turnier gestellt wurden, hatte folgenden Inhalt:

Es sollte eine Quadratzahl gesucht werden, die sowohl nach ihrer Vergrößerung wie nach ihrer Verringerung um 5 eine Quadratzahl ergibt.

Versuchen Sie doch einmal, eine solche Zahl zu finden! Fibonacci fand sie.

Picken wir noch eine Aufgabe aus Fibonaccis berühmtem Buch „Liber abaci" heraus:

Es sind 5 Wägestücke anzugeben, mit denen man jeden Gegenstand mit einer Masse von 1 bis 30 kg wägen kann, wenn die Maßzahlen ganzzahlig sind. Die Wägestücke sollen dabei nur auf einer Waagschale liegen.

Wie muß man die Wägestücke wählen?

9

## 5. Michael Stifel (1487? bis 1567)

Der lutherische Prediger und Mathematiker Michael Stifel ist Verfasser der „Arithmetica integra (Gesamten Arithmetik)", in der er eine ausgefeilte Zusammenstellung der mathematischen Kenntnisse seiner Zeit vornahm. Obwohl er sich als hervorragender Mathematiker bewies — er schuf eine durch neue Erkenntnisse bereicherte Darstellung der Algebra, das Bildungsgesetz für Binomialkoeffizienten und die Voraussetzung für das Rechnen mit Logarithmen —, prophezeite er für den 18. 10. 1533 8.00 Uhr den Weltuntergang, wofür er mit Amtsenthebung als Pfarrer in Lochau und vierwöchigem Hausarrest büßen mußte.

Versuchen wir uns an einer Aufgabe dieses schillernden Mannes: Die Summe zweier Zahlen beträgt 19, die Summe ihrer Quadrate 205. Um welche Zahlen handelt es sich?

Eine mathematische Wahrheit ist an sich weder einfach noch kompliziert, sie ist.

*Émile Lemoine*

## 6. Isaac Newton (1642 bis 1727)

„Wenn ich etwas weiter sah als andere, so deshalb, weil ich auf den Schultern von Riesen stand." Mit diesem Ausspruch meinte Newton die Gelehrten Descartes, Kepler und Galilei. Doch Bausteine der Erkenntnis allein sind noch kein Gebäude; Newton war der Baumeister der Bewegungslehre und der Himmelsmechanik. Sein Stil, Physik zu machen, galt bis ins 19. Jahrhundert hinein als unangefochtenes Lehrbeispiel. Die Männer, die über seine Weltauffassung hinausstiegen, beispielsweise Ernst Mach oder Heinrich Hertz und endgültig Albert Einstein, behielten für Isaac Newton Bewunderung und Respekt.

Einen Eindruck von Newton ermöglicht seine folgende praktische Aufgabe:

3 Wiesen haben Flächeninhalte von $3\frac{1}{3}$ ha, 10 ha und 24 ha. Auf allen 3 Wiesen seien die Wachstumsbedingungen gleich. Das Gras wachse in gleicher Dichte; auch der Zuwachs sei gleich. Auf der ersten Wiese werden 12 Ochsen für die Dauer von 4 Wochen gehalten, auf der zweiten Wiese 21 Ochsen für die Dauer von 9 Wo-

chen. Dann ist das Gras so weit abgefressen, daß die Weide ruhen muß.

Wieviel Ochsen können auf der dritten Wiese für die Dauer von 18 Wochen gehalten werden?

## 7. Christian Goldbach (1690 bis 1764)

Der Zahlentheoretiker Christian Goldbach vermutete, daß jede gerade Zahl, die größer als 2 ist, die Summe zweier Primzahlen sei. Diese Vermutung erwähnte er 1742 in einem Brief an den Schweizer Mathematiker L. Euler. Bis heute liegt kein Beweis vor. Überprüfen Sie diese Vermutung für alle geraden Zahlen, die kleiner als 50 sind!

## 8. Leonhard Euler (1707 bis 1783)

„Euler rechnete anscheinend so mühelos, wie andere Menschen atmen oder wie der Adler in der Luft schwebt", äußerte sich der Physiker Arago über den fruchtbarsten Mathematiker der Geschichte, Leonhard Euler. Seine Abhandlungen würden 80 Bände füllen!

Führen wir uns eine Aufgabe dieses großen Genies zu Gemüte: Ein Amtmann kauft Pferde und Ochsen für insgesamt 1770 Taler. Er zahlt für ein Pferd 31 Taler, für einen Ochsen aber 21 Taler. Wieviel Pferde und Ochsen sind es gewesen?

Hat diese Aufgabe mehrere Lösungen?

## 9. Carl Friedrich Gauß (1777 bis 1855)

Der Mathematiker C. F. Gauß strebte immer nach Vollkommenheit. Eine Kathedrale ist keine Kathedrale, sagte er, solange nicht das letzte Gerüst entfernt und weggeräumt ist. Sein Siegel, ein Baum mit nur wenigen Früchten, trug das Motto: „Pauca sed matura (Wenige, aber reife)." Für seine Schüler war es oft nicht einfach, den Lebensweg ihres Lehrers zu verfolgen.

Daten aus seinem Leben gab er teilweise dadurch an, daß er die Anzahl seiner bis zu dem betreffenden Datum vergangenen Lebenstage notierte. Am 16. 7. 1799 erwarb er den akademischen Grad eines Doktors; diesen Tag verzeichnete er mit der Zahl 8113. Das früheste derart verschlüsselte Datum in seinen Notizen war der Tag, an dem der fünfzehnjährige Gauß sich mit Abzählungen zur Primzahlverteilung zu beschäftigen begann. Dieses Datum kennzeichnete er durch die Zahl 5343.

Welcher Tag entspricht dieser Zahl?

## 10. Evariste Galois (1811 bis 1832)

Am frühen Morgen des 31. Mai 1832 starb das mathematische Genie Evariste Galois, noch keine 21 Jahre alt, im Duell um eine Dirne, und er ahnte wohl die geringe Chance, heil davonzukommen. So brachte er in den letzten verzweifelten Stunden vor dem Morgengrauen in Windeseile zu Papier, was noch Generationen von Mathematikern beschäftigen sollte.

Begnügen wir uns mit einem Blick in sein sechzehntes Lebensjahr. Galois löste drei ihm in der Schule gestellte Aufgaben, von den Lehrern als Wochenpensum aufgegeben, in 15 Minuten. Und es war nicht das erste Mal, daß er seine Lehrer verblüffte.

Schauen wir uns doch die erste dieser Aufgaben einmal näher an. Sie lautete:

Finden Sie die 2 Diagonalen x und y eines Vierecks, das in einen Kreis eingezeichnet ist, mittels seiner 4 Seiten a, b, c, d! (Es sollen also die Längen der Diagonalen eines Sehnenvierecks berechnet werden, wobei die Längen der Seiten dieses Vierecks a, b, c, d gegeben sind.)

12

## 11. Thomas Alva Edison (1847 bis 1931)

Laut Thomas Alva Edison besteht ein Genie zu 99% aus Schweiß und nur zu 1% aus Inspiration. Mühe und Schweiß haben ihm aber nicht den Sinn für geistreiche Späße geraubt. Seine Gäste wunderten sich oft darüber, wie schwer sich das Gartentor vor seinem Haus beim Öffnen bewegen ließ. Schließlich sagte einer der Freunde zu dem großen Erfinder: „Ein solch technisches Genie wie du könnte doch ein Gartentor zustande bringen, das richtig funktioniert." Edison erwiderte lächelnd: „Mein Tor ist ganz vernünftig eingerichtet. Ich habe es an der Zisterne angeschlossen. Jeder, der zu mir kommt, pumpt mir 20 Liter Wasser in die Zisterne."

Als Edison statt eines 20-l-Gefäßes ein 25-l-Gefäß verwendete, waren 12 Besucher weniger nötig, um die leere Zisterne zu füllen.
Wie groß war das Fassungsvermögen der Zisterne?

## 12. Srinivasa Ramanujan (1887 bis 1920)

Der geniale indische Mathematiker wurde eines Tages von seinem Freund, dem englischen Mathematiker G. Hardy, mit einem Taxi aufgesucht. Das Taxi trug die Nummer 1729. „Eine sehr langweilige Zahl", bemerkte Hardy. „Aber ganz im Gegenteil!" erwiderte Ramanujan sofort. „Es ist eine sehr interessante Zahl, nämlich die kleinste, die sich als Summe zweier Kubikzahlen auf zwei verschiedene Arten ausdrücken läßt."
Welches sind die beiden Arten?

## 13. Edouard Lucas

Folgende Aufgabe ersann der französische Mathematiker und Stifter des „Lucasischen Katheders" in Cambridge, Edouard Lucas.
Auf einem Kongreß erklärte Lucas am Ende eines Frühstücks, bei dem viele bekannte Mathematiker aus verschiedenen Ländern zugegen waren, er möchte den Anwesenden eine der schwierigsten Aufgaben vorlegen.

„Ich nehme an", sagte Lucas, „daß jeden Tag mittags von Le Havre nach New York ein Dampfer abfährt und zur gleichen Zeit ein Dampfer derselben Schiffahrtslinie von New York nach Le Havre. Die Überfahrt dauert in die eine wie in die andere Richtung genau 7 Tage. Wieviel Schiffen seiner Linie, die in entgegengesetzter Richtung fahren, begegnet ein Dampfer, wenn er heute mittag in Le Havre abfährt?"

Wie würden Sie auf die Frage Lucas' antworten?

Überlegen Sie sich eine graphische Darstellung für die Lösung dieser Aufgabe!

So seltsam es auch klingen mag, die Stärke der Mathematik beruht auf dem Vermeiden jeder unnötigen Annahme und auf ihrer großartigen Einsparung an Denkarbeit.

*Ernst Mach*

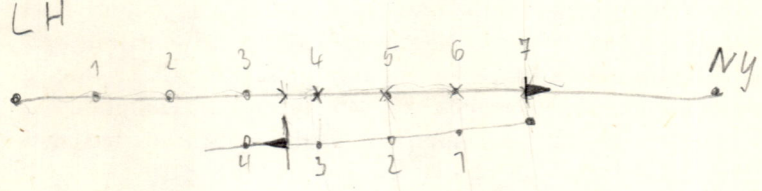

### 1. Eratosthenes von Kyrene

Zur Berechnung verwendet man das Modell des Horizontalsystems. Dabei werden die Sonnenstrahlen als parallel angesehen, und der Erdradius wird vernachlässigt. Man findet, daß die Abweichung $\alpha = 7{,}5°$ vom Lot in Alexandria gleich dem Zentriwinkel $\beta$ im Erdmittelpunkt zwischen Alexandria und Assuan ist (Stufenwinkel).

Lösung

a) Den Erdumfang u findet man mit Hilfe der Proportion

$\beta : 360 = 5000 : u$,

$$u = \frac{360 \cdot 5000}{\beta},$$

$$u = \frac{360 \cdot 5000}{7{,}5},$$

$$u = 240\,000.$$

Der Erdumfang zählte 240 000 Stadien.

b) $240\,000 \cdot 0{,}18472 \approx 44\,300$.
Der Erdumfang betrug 44 300 km.

c) Der Unterschied zur heutigen Messung ist 4300 km.

### 2. Heron von Alexandria

Wenn alle Springbrunnen zugleich x Tage brauchen, so gilt:

$$\frac{12x}{12} + \frac{6x}{12} + \frac{4x}{12} + \frac{3x}{12} = \frac{12}{12},$$
$$12x + 6x + 4x + 3x = 12,$$
$$25x = 12,$$
$$x = \frac{12}{25}.$$

Alle Springbrunnen zugleich brauchen $\frac{12}{25}$ Tage, also knapp einen halben Tag.

### 3. Bhaskara I

Es muß gelten $60n + 1 = x$, wobei $x = 7a$.

$$60n + 1 = 7a,$$
$$a = \frac{60n + 1}{7},$$
$$a = 8n + \frac{4n + 1}{7}.$$

15

Diese Gleichung hat für n = 5,12,19, ... ganzzahlige positive Lösungen.

Für n = 5 ist x = 301,
für n = 12 ist x = 721,
für n = 19 ist x = 1141 usw.

## 4. Leonardo von Pisa (Fibonacci)

*Die Turnieraufgabe:* Fibonacci fand nach einigem Überlegen eine Quadratzahl mit den geforderten Eigenschaften: $\frac{1681}{144}$.

In der Tat ist $\frac{1681}{144} + 5 = \frac{2401}{144}$ und $\frac{1681}{144} - 5 = \frac{961}{144}$ oder

$$\left(\frac{41}{12}\right)^2 - 5 = \left(\frac{31}{12}\right)^2 \text{ und } \left(\frac{41}{12}\right)^2 + 5 = \left(\frac{49}{12}\right)^2.$$

Von welchen Überlegungen sich Fibonacci beim Turnier leiten ließ, ist nicht mehr herauszufinden. Wir sind auf Vermutungen angewiesen: Nach der Bedingung sind
$x^2 + 5 = u^2$ und $x^2 - 5 = v^2$. Daraus folgt $u^2 - v^2 = 10$,

da aber $10 = \frac{80 \cdot 18}{12^2}$, folgt $(u + v)(u - v) = \frac{80 \cdot 18}{12^2}$.

Wenn man $u + v = \frac{80}{12}$ und $u - v = \frac{18}{12}$ setzt,

erhält man $u = \frac{49}{12}$, $v = \frac{31}{12}$ und $x = \frac{41}{12}$.

Welches Vorstellungsvermögen von der Welt der Zahlen muß man besitzen, um darauf zu kommen, daß man 10 durch den Bruch $\frac{80 \cdot 18}{12^2}$ ersetzen muß? Fibonacci besaß den entsprechenden Scharfsinn.

Überlegen Sie, ob man auch für andere natürliche Zahlen statt der 5 eine analoge Aufgabe stellen kann!

*Wahl der Wägestücke:* Um eine bestimmte Masse zu wägen, muß man, wenn man die Wägestücke nur auf eine einzige Waagschale legen darf, diese Masse als Summe der Massen der vorhandenen Wägestücke darstellen, und zwar so, daß jedes Wägestück nicht mehr als einmal genommen wird. Wählen wir die Wägestücke $p_1$, $p_2$, $p_3$, $p_4$ und $p_5$, so muß jeder Körper mit der Masse $Q \le 30$ kg folgendermaßen dargestellt werden:

$Q = a_1p_1 + a_2p_2 + a_3p_3 + a_4p_4 + a_5p_5,$

wobei ein Koeffizient gleich 1 ist, wenn das entsprechende Wäge-stück auf die Waage gelegt wird, und gleich 0, wenn das betref-fende Wägestück nicht benutzt wird. Bei dieser Fragestellung er-kennt man die Ähnlichkeit mit der Darstellung der Maßzahl von $Q$, abgekürzt $\{Q\}$ geschrieben, im Dualsystem. Man braucht als $p_1, \ldots, p_5$ nur die folgenden Wägestücke zu nehmen:

Lösung

$p_1 = 1$ kg, $p_2 = 2$ kg, $p_3 = 4$ kg, $p_4 = 8$ kg, $p_5 = 16$ kg.
Die Summe ihrer Maßzahlen ist $1 + 2 + 4 + 8 + 16 = 31$, also größer als 30. Außerdem kann jede Zahl $\{Q\}$, die nicht größer als 31 ist, in der Form

$$\{Q\} = b_4 \cdot 2^4 + b_3 \cdot 2^3 + b_2 \cdot 2^2 + b_1 \cdot 2^1 + b_0 \cdot 2^0$$

dargestellt werden, wobei jeder der Koeffizienten $b_0, \ldots, b_4$, so wie wir es brauchen, entweder 0 oder 1 ist.

## 5. Michael Stifel

Die erste Zahl sei $x$: Dann lautet die zweite Zahl $19 - x$. Ferner gilt $x^2 + (19 - x)^2 = 205$ bzw. $x^2 - 19x + 78 = 0$. Diese quadra-tische Gleichung besitzt die Lösungen $x_1 = 13$ und $x_2 = 6$. Die ge-suchten Zahlen lauten 6 und 13.

## 6. Isaac Newton

Wir bezeichnen den Teil des anfänglichen Grasvorrates auf 1 ha, der im Laufe einer Woche hinzuwächst, mit $y$. Auf der ersten Wiese wächst in einer Woche $3\frac{1}{3}y$ hinzu und in 4 Wochen $3\frac{1}{3}y \cdot 4 = \frac{40}{3}y$ des Vorrates, der anfänglich auf 1 ha vorhanden war. Das ist gleichbedeutend mit einer Vergrößerung der Anfangs-fläche der Wiese auf $\left(3\frac{1}{3} + \frac{40}{3}y\right)$ ha. Die Ochsen fraßen so viel Gras, wie auf einer Wiese mit der Fläche $\left(3\frac{1}{3} + \frac{40}{3}y\right)$ ha vorhan-den ist. In einer Woche fraßen 12 Ochsen den vierten Teil und ein Ochse in der Woche $\frac{1}{48}$ dieser Menge, d. h. den Vorrat, der auf einer Fläche von $\frac{1}{48} \cdot \left(3\frac{1}{3} + \frac{40}{3}y\right)$ ha $= \frac{10 + 40y}{144}$ ha vorhanden ist.

Auf die gleiche Weise ermitteln wir den Flächeninhalt einer Wiese, die ein Ochse abgrast, wenn man ihn eine Woche auf die Weide läßt, aus den Angaben für die zweite Wiese:

17

Wochenzuwachs auf 1 ha: y,
neunwöchiger Zuwachs auf 1 ha: 9y,
neunwöchiger Zuwachs auf 10 ha: 90y.

Die Fläche des Wiesenstücks, das den Grasvorrat zur Fütterung von 21 Ochsen in 9 Wochen bringt, ist gleich $(10 + 90y)$ ha.

Die Fläche, die für die Fütterung eines Ochsen in einer Woche ausreicht, ist

$$\frac{10 + 90y}{9 \cdot 21} \text{ ha} = \frac{10 + 90y}{189} \text{ ha groß.}$$

Da die Fütterung der Ochsen als konstant angenommen wird, gilt:

$$\frac{10 + 40y}{144} \text{ ha} = \frac{10 + 90y}{189} \text{ ha.}$$

Die Lösung dieser Gleichung lautet $y = \frac{1}{12}$.

Bestimmen wir jetzt die Wiesenfläche, die für die Haltung eines Ochsen auf die Dauer einer Woche ausreicht:

$$\frac{10 + 40y}{144} \text{ ha} = \frac{10 + 40 \cdot \frac{1}{12}}{144} \text{ ha} = \frac{5}{54} \text{ ha.}$$

Nun können wir an die ursprüngliche Fragestellung anknüpfen: Die gesuchte Anzahl Ochsen wurde mit x bezeichnet. Es gilt also:

$$\frac{24 + 24 \cdot 18 \cdot \frac{1}{12}}{18x} = \frac{5}{54},$$

woraus sich $x = 36$ ergibt. Auf der dritten Wiese können in 18 Wochen 36 Ochsen gehalten werden.

### 7. Christian Goldbach

$4 = 2 + 2,$    $10 = 5 + 5,$    $46 = 41 + 5,$
$6 = 3 + 3,$    $12 = 7 + 5,$    $48 = 43 + 5.$
$8 = 5 + 3,$

### 8. Leonhard Euler

Es sei x die Anzahl der Pferde und y die Anzahl der Ochsen. Dann gilt:

$$31x + 21y = 1770,$$
$$21y = 1770 - 31x,$$
$$= 1764 + 6 - 21x - 10x,$$
$$y = 84 - x - \frac{10x - 6}{21}.$$

18    $(10x - 6)$ ist also durch 21 teilbar, mithin auch $(5x - 3)$. Man setzt

daher $21z = 5x - 3$,

$$y = 84 - x - 2z,$$

$$x = \frac{21z + 3}{5} = 4z + \frac{z + 3}{5}.$$

Man setzt ferner $5u = z + 3$, d. h., $z = 5u - 3$, und erhält

$$x = 4(5u - 3) + u = 21u - 12,$$

$$y = 84 - 21u + 12 - 10u + 6 = 102 - 31u.$$

Da y eine positive Zahl ist und wegen $z = 5u - 3$ nicht gleich 0 sein kann, sind nur die Fälle
$u = 1$, $u = 2$ und $u = 3$ möglich.
Man erhält daher 3 Lösungen:
$u = 1 : x = \phantom{0}9, y = 71,$
$u = 2 : x = 30, y = 40,$
$u = 3 : x = 51, y = \phantom{0}9.$
Man überzeugt sich leicht davon, daß in allen drei Fällen
$31x + 21y = 1770$ gilt.

Lösung

## 9. Carl Friedrich Gauß

Vom 16. 7. 1799 hat man bis zum gesuchten Datum 1770 Tage zurückzurechnen, denn es gilt $8113 - 5343 = 2770$. Auf das Jahr 1799 entfallen 197 Tage (nämlich 16 Tage im Juli; $3 \cdot 31$ Tage in den Monaten Januar, März, Mai; $2 \cdot 30$ Tage in den Monaten April und Juni; 28 Tage im Februar). Auf die Jahre 1792 bis 1798 entfallen 2557 Tage (5 Jahre zu je 365 Tagen und 2 Schaltjahre zu je 366 Tagen). Es verbleiben 16 Tage (da $2770 - 197 - 2557 = 16$); rechnet man diese vom Ende Dezember 1791 zurück, so erhält man als gesuchtes Datum den 15. 12. 1791.

## 10. Evariste Galois

Auf die rein geometrische Lösung von Galois wollen wir aus Platzgründen verzichten. Wesentlich einfacher wird die Lösung, wenn man den Kosinussatz der ebenen Trigonometrie anwendet:
Da $\sphericalangle CDA = 180° - \beta$ und $\cos(180° - \beta) = -\cos \beta$ ist, folgt
aus $\quad x^2 = a^2 + b^2 - 2ab \cos \beta$
und $\quad x^2 = c^2 + d^2 - 2cd \cos(180° - \beta)$
$$= c^2 + d^2 + 2cd \cos \beta$$
$$a^2 + b^2 - 2ab \cos \beta = c^2 + d^2 + 2cd \cos \beta,$$
also $\quad 2 \cos \beta(ab + cd) = a^2 + b^2 - c^2 - d^2,$
$$2\cos \beta = \frac{a^2 + b^2 - c^2 - d^2}{ab + cd},$$

19

und hieraus

$$x^2 = a^2 + b^2 - \frac{ab(a^2 + b^2 - c^2 - d^2)}{ab + cd},$$

analog erhält man

$$y^2 = \frac{bc(a^2 + d^2) + ad(b^2 + c^2)}{ad + bc}.$$

Diese einfache Lösungsmethode konnte Galois nicht anwenden, da in dem Mathematik-Kurs nur die Sätze der Elementargeometrie benutzt werden durften.

### 11. Thomas Alva Edison

Es sei x die Anzahl der Personen, dann gilt:
$20 \cdot x = 25 (x - 12)$, $x = 60$.

Es sind 60 Personen nötig, um mit einem 20-l-Gefäß, und 48 Personen, um mit einem 25-l-Gefäß die 1200 l fassende Zisterne zu füllen.

### 12. Srinivasa Ramanujan

$1^3 + 12^3 = \quad 1 + 1728 = 1729$
$9^3 + 10^3 = 729 + 1000 = 1729$

### 13. Edouard Lucas

7 ist falsch, es geht nicht nur um die abfahrenden Schiffe, sondern auch um die, die unterwegs sind.

Dampferlinie AB zeigt, daß ein Dampfer auf der Fahrt von Le Havre nach New York auf See 13 Schiffen begegnet. Hinzu kommen 2 Schiffe, die im Augenblick der Abfahrt (1 Schiff kommt aus Richtung New York an) bzw. der Ankunft (1 Schiff fährt von New York in Richtung Le Havre ab) angetroffen werden. Die Darstellung verrät also die Begegnung mit insgesamt 15 Schiffen und sagt auch etwas über die Tageszeit der Begegnung aus (mittags und mitternachts).

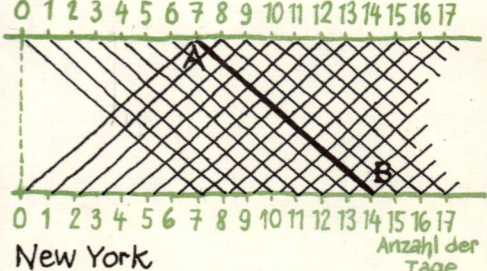

20

# Flinke Füße

## oder
## Vom Wagemut eines Turmspringers

### 14. Gefährlicher Sprung?

Stellen Sie sich vor, Sie würden vom 5-m-Brett ins Schwimmbassin springen!
Glauben Sie, daß beim Eintauchen ins Wasser Ihre Geschwindigkeit der Durchschnittsgeschwindigkeit eines Autos im Stadtverkehr nahekommt?

### 15. Wie einfach ist doch ein Marschblock . . .!

Die Teilnehmer an einem Sportfest hatten sich versammelt, um zum Sportplatz zu marschieren. Hätten je 2 Sportfans ein Glied des Marschblocks gebildet, wäre ein Sportler übriggeblieben. Wären jeweils drei Sportler nebeneinander marschiert, wären zwei übriggeblieben, bei Gliedern von 4 Sportlern 3 usw.

Als sie schließlich in Gliedern zu je 7 Sportlern angetreten waren, ging die Teilung auf.
Wieviel Leute mindestens nahmen an den Wettkämpfen teil?

### 16. Einige Meter hinter dem Sieger

Bei olympischen Skistaffelwettbewerben über 4 × 10 km der Herren siegte die Langlaufequipe der UdSSR mit einer Gesamtzeit von 1 h 57 min 3,46 s. Platz 2 belegte Norwegen mit einer Gesamtzeit von 1 h 58 min 45,77 s.
1. Welche Durchschnittsgeschwindigkeiten erreichten beide Mannschaften?
2. Wieviel Meter mußte beim Zieleinlauf des Sieges der Norweger noch zurücklegen, um gleich dem sowjetischen Schlußmann die Ziellinie zu überfahren, wenn man annimmt, der norwegische Schlußläufer sei im Zieleinlauf die Durchschnittsgeschwindigkeit seiner Mannschaft gefahren?

### 17. Ein toller Drall beim Schießsport

Aus einer Feuerwaffe wird ein Schuß abgegeben. Das Geschoß soll eine Anfangsgeschwindigkeit von 600 m/s haben, und im Lauf

der Waffe mögen sich die Züge auf einer Länge von 20 cm einmal um die Seelenachse winden.
Wievielmal dreht sich dann das Geschoß in einer Sekunde um seine Achse? Wagen Sie doch vor der Rechnung mal einen Schätzwert!

**18. Geschwind wie der Wind**
Der Rennfahrer Alfons Klee gewinnt ein 1000-m-Zeitfahren auf der Bahn. Wie oft dreht sich dabei jedes Rad um seine eigene Achse, wenn Sie annehmen, daß der Raddurchmesser 685,8 mm beträgt?

**19. Spielen Sie Pushball?**
Wieviel Golfbälle sind ein Pushball?
Der Durchmesser eines Golfballs beträgt 41 mm, der eines Pushballs 180 cm.

**20. Kugel zu groß?**
Kein Wettkampf ohne Regeln!
So ist es beim Kugelstoßen Vorschrift, daß die Kugel aus massivem

23

### 21. Mit und ohne (Schnee)schuh!

Vergleichen Sie den Druck, den ein Sportler mit und ohne Ski auf eine Schneedecke ausübt: Der Mann soll 85 kg wiegen, die Fläche einer Fußsohle 150 cm² betragen. Die Länge seines Skis sei 2 m, die durchschnittliche Breite 10 cm. Übrigens kommt der Skisport aus Norwegen. Er erwarb sich ab der Jahrhundertwende die Herzen der Wintersportenthusiasten und wurde 1924 olympische Disziplin.

### 22. Kontra Anglerlangeweile

Eine Aufgabe nicht nur für Angler und solche, die sich am Angeln versuchen wollen!

Beim „Fliege Skish" muß der Angler vom Standpunkt A aus 10 Würfe in bestimmter Reihenfolge in 5 Plastikschalen ausführen, deren Mittelpunkte $S_1$, $S_2$, $S_3$, $S_4$, $S_5$ seien und die auf einer Geraden liegen. Bekannt sind die Abstände $\overline{AS_1} = a = 8$ m, $\overline{AS_5} = b = 13$ m, $\overline{S_1S_2} = \overline{S_2S_3} = \overline{S_3S_4} = \overline{S_4S_5} = 1,8$ m. Berechnen Sie die Abstände $\overline{AS_2}$, $\overline{AS_3}$ und $\overline{AS_4}$!

### 23. Alfonsens Bahnrunde

Der Rennfahrer Alfons Klee wurde von seinem Rivalen Bodo Ast nach zehnminütigem Rennen zum ersten Mal überrundet. Und dies, obwohl Alfons Klee 6 Sekunden vor Bodo Ast gestartet war.

Wieviel Sekunden benötigte Alfons Klee für eine Bahnrunde, wenn er dafür auf jeden Fall 4 Sekunden mehr als Bodo Ast brauchte?

### 24. Silber für die Sieger

Bei der I. Olympiade der Neuzeit, 1896 in Athen, gab es für die Sieger Silbermedaillen, für Rang 2 Bronze.

Der Silbermedaillenspiegel von 1896 enthält 44 vergebene Silbermedaillen. Kurioserweise erhält man gerade die Zahl 44, wenn man zum Vierfachen der Anzahl Silbermedaillen Griechenlands das Zweifache der Silbermedaillenanzahl Ungarns addiert. Die Griechen gewannen übrigens das Fünffache der Silbermedaillenanzahl Ungarns.

Wieviel Silbermedaillen jeweils haben Griechen und Ungarn auf der I. Olympiade erhalten?

24

### 25. Olympisches Bogenschießen

Das Olympische Bogenschießen der Herren bei den Sommerspielen von Montreal (1976) gewann Darrell Pace (USA) vor Hiroshi Michinaga (Japan), Giancarlo Ferrari (Italien) und dem USA-Schützen Richard McKinney. Platz 5 belegte Wladimir Tschendarow (UdSSR). Er erzielte 104 Punkte weniger als der Sieger. Pace errang 69 Punkte mehr als der Zweitplazierte, der Ferrari nur mit 7 Punkten Differenz auf Platz 3 verwies. McKinney folgte mit 24 Punkten Abstand auf Platz 4.
Die Resultatsumme der ersten 5 Wettkämpfer des Olympischen Bogenschießens von Montreal betrug 12 506 Punkte.
Wieviel Punkte errangen die einzelnen Schützen?

---

Von nichts wird man so rasch alt wie von der Faulheit.

*Miguel Angel Asturias*

---

### 26. Schnelle Männer

Ein Torwart darf niemals träge sein! Weder beim Fußball noch beim Handball. Aber vergewissern Sie sich, was es in der Tat bedeutet, ein flinker Torsteher zu sein: Gut trainierte Spieler können beim Angriff auf das Handballtor den Ball auf 100 km/h beschleunigen. (Wir wollen annehmen, daß die Ballgeschwindigkeit nach dem Abwurf konstant bleibt.)

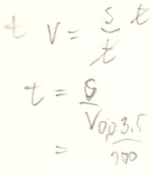

Innerhalb welcher Zeitspanne muß der Torwart reagieren, wenn der Angriffsspieler beim Torwurf a) 3,50 m, b) 5 m von ihm entfernt ist?

## 27. Fahndung nach der Wahrheit

Im Sportclub spielen Marina, Sibylle und Stephan mit einem Expander, einem Ball und Rollschuhen. Womit trainiert Marina, wenn von den folgenden Aussagen genau eine wahr ist?

A) Marina fährt nicht Rollschuh.
B) Stephan hat den Ball und Sybille den Expander.
C) Wenn Stephan den Ball hat, so hat Marina den Expander.

## 28. Wettrudern

Zwei Sportler begannen beim Training ein Wettrudern. Einer ruderte auf einem Fluß die Strömung hinauf und hinab, der andere absolvierte dieselbe Entfernung auf einem See mit stehendem Wasser, der sich neben dem Fluß erstreckte. Wir nehmen an, daß der Kraftaufwand beider Ruderer die ganze Zeit über gleich blieb. Lassen Sie bitte die Zeit, die zum Wenden gebraucht wird, außer acht.

Welcher der beiden Ruderer kam eher zurück?

Übrigens erhob sich eine analoge Frage erstmals in der Luftfahrt vor etwa vierzig Jahren. Bei einem Flugwettkampf mußten die Piloten ein großes rechteckiges Feld umfliegen; an den Ecken standen 4 Masten als Wendemarken.

Für die Veranstalter erhob sich die Frage: Sind die Flugbedingungen bei Wind wie bei Windstille gleich?

2 Radfahrer kamen an eine Kreuzung und stritten sich darüber, welchen Weg sie einschlagen sollten. Einer wollte nach Norden, der andere nach Süden weiterfahren. Schließlich sagte der eine: „Rede, was Du willst, ich entscheide." Darauf fuhr er nach Norden weiter. Der andere Radfahrer schimpfte, fuhr aber auch nach Norden.
Warum tat er das wohl?

Sie werden sicher auch der Meinung sein, daß sich ein Tandem kaum in 2 einzelne Fahrräder zerlegen läßt.

## 14. Gefährlicher Sprung

$$s = \frac{g}{2} \cdot t^2,$$

$v = g \cdot t,$        v = Geschwindigkeit beim Eintauchen,

$v = \sqrt{2gs},$       g = 9,81 m/s², Erdbeschleunigung,

                     s = 5 m, Fallweg.

$v = \sqrt{2 \cdot 9{,}81 \cdot 5}$ m/s,

$v = 9{,}90$ m/s,

$v = \dfrac{9{,}90 \cdot 3600}{1000}$ km/h,

$v = 35{,}64$ km/h.

Ihre Geschwindigkeit beim Eintauchen ins Wasser würde etwa 36 km/h entsprechen. Es ist zwar nicht anzunehmen, daß Sie so sanft Auto fahren, doch entsprechen 36 km/h etwa der Stadtverkehrsdurchschnittsgeschwindigkeit.

## 15. Wie einfach ist doch ein Marschblock ...!

Die gesuchte Mindestzahl der Teilnehmer sei n. Bedeutet p die Anzahl der Sportler in je einem Glied des Marschblocks, so gilt die Voraussetzung

$$k_p = \frac{n - (p - 1)}{p} \quad \text{mit}$$

p = 2, 3, 4, 5, 6.

Die Größe $k_p$ bedeutet jeweils die Anzahl der vollen Glieder für den entstehenden Marschblock. Ferner muß n = 7k sein, wobei k die Anzahl der Glieder von je 7 Sportlern bedeutet. Mit n muß selbstverständlich auch k eine natürliche Zahl sein. Wäre 1 < k < 7, so ließe die Division von n durch k keinen Rest. Es würde bereits ein Marschblock mit lauter gleich großen Gliedern von weniger als 7 Sportlern entstehen. Das widerspricht der Voraussetzung. Demnach muß k ≧ 7 sein, und dafür gibt es 2 Möglichkeiten:

1. k ist Primzahl. In diesem Falle ist zu untersuchen, ob für k eine der Zahlen 7, 11, 13, 17, 19, 23, ... möglich ist. Dazu werden die Werte der Produkte 7k für k = 7, 11, 13, ... nacheinander durch p = 2, 3, 4, 5, 6 dividiert. $R_p$ (7k) möge den Rest bei der Division von 7k durch p bedeuten. Man erhält folgende Tabelle:

29

| $p$ | $R_p(7 \cdot 7)$ | $R_p(7 \cdot 11)$ | $R_p(7 \cdot 13)$ | $R_p(7 \cdot 17)$ | $R_p(7 \cdot 19)$ |
|---|---|---|---|---|---|
| 2 | 1 | 1 | 1 | 1 | 1 |
| 3 | 1 | 2 | 1 | 2 | 1 |
| 4 | 1 | 1 | 3 | 3 | 1 |
| 5 | 4 | 2 | 1 | 4 | 3 |
| 6 | 1 | 5 | 1 | 5 | 1 |

Daraus geht hervor, daß k = 17 die Bedingungen der Aufgabe erfüllt.

2. k ist keine Primzahl, also k = q · m > 7. Da k = 17 die Bedingungen der Aufgabe erfüllt, muß 7 < q · m < 17 gelten, denn es war nach der Mindestzahl der Teilnehmer gefragt. Dann kann aber q · m nur eine der Zahlen 8, 9, 10, 12, 14, 15, 16 sein. Jede dieser Zahlen enthält entweder den Faktor 2 oder 3, und damit wäre n ohne Rest bereits durch 2 bzw. 3 teilbar, was der Voraussetzung widerspricht.

An den Wettkämpfen nahmen demnach mindestens n = 7 · 17 = 119 Menschen teil.

Probleme dieser Art lassen sich bei Beherrschung der Zahlentheorie auch ganz allgemein lösen.

### 16. Einige Meter hinter dem Sieger

$\bar{v}$ = Durchschnittsgeschwindigkeit,
t = Gesamtzeit,
s = Gesamtstrecke.

1.) UdSSR:

$$t = (60 \cdot 60 + 57 \cdot 60 + 3{,}46)\, s = 7023{,}46\, s,$$

$$\bar{v} = \frac{s}{t} = \frac{40\,000\ m}{7023{,}46\ s} = 5{,}70\ m/s = 20{,}5\ km/h.$$

Norwegen:

$$t = (60 \cdot 60 + 58 \cdot 60 + 45{,}77)\, s = 7125{,}77\, s,$$

$$\bar{v} = \frac{40\,000\ m}{7125{,}77\ s} = 5{,}61\ m/s = 20{,}2\ km/h.$$

Die Durchschnittsgeschwindigkeit der Equipe der UdSSR betrug 20,5 km/h, die der Norweger 20,2 km/h.

2.) $\Delta t = t_{Norwegen} - t_{UdSSR} = 102{,}31\ s,$
$\bar{v}_{Norwegen} = 5{,}61\ m/s \cdot 102{,}31\ s = 573{,}96\ m.$

Der norwegische Schlußläufer mußte beim Zieleinlauf noch etwa

574 m zurücklegen, um gleich dem sowjetischen Läufer die Ziellinie zu überfahren, wenn man annimmt, er sei im Schlußkampf die Durchschnittsgeschwindigkeit seiner Mannschaft gefahren.

## 17. Ein toller Drall beim Schießsport

Das Geschoß startet mit $v_1 = 0$ m/s und besitzt an der Mündung eine Geschwindigkeit von $v_2 = 600$ m/s. Die mittlere Geschwindigkeit $v_3 = 300$ m/s wollen wir der Rechnung zugrunde legen.

$300$ m $\triangleq 30\,000$ cm,

$30\,000 : 20 = 1500$.

Das Geschoß dreht sich in einer Sekunde 1500 mal um seine Achse.

## 18. Geschwind wie der Wind

$n = \dfrac{1000}{u}$; $u = \pi \cdot d$, $d = 0,6858$ m.

$n = \dfrac{1000}{\pi \cdot d} = \dfrac{1000}{0,6858 \cdot \pi} \approx 464$.

Die beiden Räder vollführen auf der 1000-m-Strecke jeweils etwa 464 Umdrehungen.

## 19. Spielen Sie Pushball?

$n \cdot \dfrac{1}{6} \pi\, d^3 = \dfrac{1}{6} \pi\, D^3$; $d = 41$ mm, $D = 180$ cm.

$n = D^3 : d^3 = \left(\dfrac{1800}{41}\right)^3$,

$n \approx 84619$.

Höchstens 84 619 Golfbälle passen in einen Pushball.

## 20. Kugel zu groß?

$m = V \cdot \varrho$; $m = \dfrac{4}{3} \pi\, r^3 \varrho$

$r^3 = \dfrac{3m}{4\pi\varrho} = \dfrac{3 \cdot 7257\ \text{g}}{4 \cdot 3,14 \cdot 7,86\ \text{g}}\ \text{cm}^3$.

$r \approx \sqrt[3]{221}$ cm,

$r \approx 6,05$ cm.

Die Kugel hat einen Durchmesser von 121 mm und entspricht damit den gültigen Abmessungen.

31

## 21. Mit und ohne (Schnee)schuh!

|          | Druck in kPa | Druck in kp/cm² |
|----------|:------------:|:---------------:|
| Fußsohle | 55,6         | 0,57            |
| Ski      | 4,2          | 0,04            |

## 22. Kontra Anglerlangeweile

Es sei $\overline{S_1S_5} = c = 4 \cdot 1,8$ m $= 7,2$ m, $\sphericalangle\, S_5S_1A = \beta$, $\overline{AS_2} = x_2$, $\overline{AS_3} = x_3$, $\overline{AS_4} = x_4$; dann gilt nach dem Kosinussatz

$$\cos \beta = \frac{a^2 + c^2 - b^2}{2ac} = \frac{8^2 + 7,2^2 - 13^2}{2 \cdot 8 \cdot 7,2} = -0,4615.$$

Ferner erhalten wir

$x_2^2 = (8^2 + 1,8^2 - 2 \cdot 8 \cdot 1,8 \cdot \cos \beta)$ m² $= 80,53$ m²,

also $x_2 = 8,97$ m.

Die gesuchten Abstände des Standorts A von den Mittelpunkten $S_2$, $S_3$, $S_4$ der zweiten, dritten bzw. vierten Schale betragen also 8,97 m, 10,18 m bzw. 11,53 m.

## 23. Alfonsens Bahnrunde

10 min = 600 s

Angenommen, Alfons Klee benötigt für eine Bahnrunde x Sekunden, dann legt er in 600 Sekunden $\frac{600}{x}$ Runden zurück. Nun gilt für Bodo Ast:

$$\frac{600}{x} + 1 = \frac{594}{x - 4};$$

$$\frac{600 + x}{x} = \frac{594}{x - 4}.$$

Umgeformt folgt:

$x^2 + 2x - 2400 = 0$,

$x = 48$.

Rennfahrer Alfons Klee legte eine Bahnrunde in 48 Sekunden zurück.

## 24. Silber für die Sieger

$x \triangleq$ Medaillen Griechenlands,

$y \triangleq$ Medaillen Ungarns.

$$4x + 2y = 44,$$
$$x = 5y,$$
$$x = \frac{44 - 2y}{4},$$
$$5y = \frac{44 - 2y}{4},$$
$$y = 2.$$

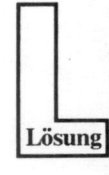

Die Ungarn erhielten für 2 Olympiasiege 2 Silbermedaillen, die Griechen siegten in 10 Disziplinen und erhielten 10 Silbermedaillen. Übrigens wurden 1896 die Ungarn mit dieser Siegesausbeute 6. der Nationentabelle, die Griechen belegten hinter den USA Platz 2.

**25. Olympisches Bogenschießen**

5. Platz: x          Punkte,
1. Platz: x + 104 Punkte,
2. Platz: x +   35 Punkte,
3. Platz: x +   28 Punkte,
4. Platz: x +    4 Punkte,
$$5x + 171 = 12506,$$
$$x = 2467.$$

Die Punktliste beim Olympischen Bogenschießen der Herren anläßlich der Sommerspiele von Montreal zeigt für die ersten 5 Wettkämpfer folgende Einzelresultate:

1. Platz, Pace          : 2571 Punkte,
2. Platz, Michinaga  : 2502 Punkte,
3. Platz, Ferrari        : 2495 Punkte,
4. Platz, McKinney   : 2471 Punkte,
5. Platz, Tschendarow: 2467 Punkte.

**26. Schnelle Männer**

$$v = \frac{s}{t}, \quad v_{Ball} = 27{,}78 \text{ m/s}.$$

a) $t = \dfrac{s}{v} = \dfrac{3{,}50 \text{ m}}{27{,}78 \text{ m/s}} = 0{,}13 \text{ s}.$

b) $t = \dfrac{s}{v} = \dfrac{5 \text{ m}}{27{,}78 \text{ m/s}} = 0{,}18 \text{ s}.$

Ein Torwart muß also bei den angenommenen Bedingungen den Ball in a) 0,13 Sekunden und b) 0,18 Sekunden abwehren.

33

## 27. Fahndung nach der Wahrheit

1. A sei wahr.

   Dann hat Marina entweder den Ball oder den Expander. Also kann C nur falsch sein, wenn Marina den Expander nicht hat. Sie muß den Ball haben. Es ergibt sich ein Widerspruch.

2. B sei wahr.

   Dann hat Stephan den Ball und Sibylle den Expander. Bleiben für Marina die Rollschuhe. Die Aussagen A und C sind dann gemäß Voraussetzung falsch.

3. C sei wahr.

   Marina muß die Rollschuhe haben, denn A ist falsch. Stephan und Sibylle können dann jeweils nur den Ball oder den Expander haben.

Die Analyse 1 führt auf einen Widerspruch. Nur die Analysen 2 und 3 können ohne Widerspruch durchgeführt werden. Marina hat also unzweifelhaft die Rollschuhe.

## 28. Wettrudern

Mitunter antwortet man: „Beide kehren gleichzeitig zurück." Man begründet die Antwort mit der Überlegung, daß der Sportler, der mit der Strömung des Flusses rudert, seinem Konkurrenten um eine gewisse Zeitspanne zuvorkommt, er aber auf dem Rückweg gegen die Strömung gerade soviel Zeit wieder verliert.

Diese Antwort ist falsch. Die Strömung verkürzt zwar die Fahrzeit, solange das Boot mit ihr fährt, und verlängert sie, solange es sich in entgegengesetzter Richtung bewegt. In dem einen Fall unterstützt der Fluß in gewissem Maße die Bewegung, im anderen Falle behindert er sie. Aber die Unterstützung dauert eine geringere Zeitspanne als die Behinderung. Folglich ist natürlich zu erwarten, daß der Sportler, der auf dem Fluß rudert, später an den Start zurückkommt als der Sportler, der im stehenden Wasser rudert.

Wir betrachten jetzt folgenden Grenzfall:

Es sei die Eigengeschwindigkeit des Bootes (Geschwindigkeit des Bootes bei gleichem Kraftaufwand des Ruderers im stehenden Wasser) gleich der Geschwindigkeit der Strömung. Dann erreicht der Sportler, der auf dem Fluß rudert, den Wendepunkt, wenn er mit der Strömung gerudert ist, doppelt so schnell wie sein Konkurrent auf dem See. Wenn aber der erste Sportler wendet, hält ihn die Strömung an, und er kann überhaupt nicht zum Start zurückkehren.

34

Wir gehen wieder zum allgemeinen Fall über: Es sei x die Geschwindigkeit der Strömung und v die Eigengeschwindigkeit des Bootes. Dann werden im stehenden Wasser für die Strecke s bis zum Wendepunkt $\frac{s}{v}$ Zeiteinheiten gebraucht, mit der Strömung dagegen werden für den Weg $\frac{s}{v + x}$ Zeiteinheiten benötigt. Der Zeitgewinn ist $\frac{s}{v} - \frac{s}{v + x}$. Wenn wir die Brüche auf einen gemeinsamen Nenner bringen, ergibt sich $\frac{s}{v} - \frac{s}{v + x} = \frac{sx}{v(v + x)}$. Für den Weg s gegen die Strömung werden $\frac{s}{v - x}$ Zeiteinheiten benötigt, und ein Vergleich mit der Bewegung im stehenden Wasser ergibt den Zeitverlust $\frac{s}{v - x} - \frac{s}{v} = \frac{sx}{v(v - x)}$. Wenn wir die Brüche $\frac{sx}{v(v + x)}$ (Zeitgewinn) und $\frac{sx}{v(v - x)}$ (Zeitverlust) miteinander vergleichen, stellen wir fest, daß der erste Bruch kleiner ist als der zweite, weil er einen größeren Nenner hat. Folglich benötigt das Boot auf dem Fluß mehr Zeit gegen die Strömung, als es bei der Fahrt mit der Strömung gewinnt. Also kehrt von den beiden Ruderern in jedem Falle derjenige eher zum Start zurück, der im stehenden Wasser gefahren ist, um wieviel eher, das hängt von der Geschwindigkeit der Strömung ab, wobei eine Vergrößerung der Strömungsgeschwindigkeit nicht in jedem Falle eine Vergrößerung dieser Zeitdifferenz zur Folge hat.

Überlegen Sie, wie sich Strömungsgeschwindigkeit und Zeitdifferenz zueinander verhalten!

Lösung

# Ein mathematischer pas de deux

## oder
## Verführungen
## zum fernsehfreien Tag

### 29. Historiker am Werk

Unter den Historikern bestand lange Zeit keine Klarheit darüber, an welchem Ort Cäsar den Heerkönig Ariovist besiegt hat. Als bei Ausgrabungen eine Steintafel gefunden wurde, deren Inschrift das Rätsel zu lösen schien, begaben sich Sachverständige an diesen Ort, um den wichtigen Fund zu begutachten. Die Tafel enthielt, in freier Übersetzung, die Inschrift:

Vor einem Jahr brachte an dieser Stelle der große Cäsar dem Volke der Sueven den Untergang.

Claudius, der die Schlacht überlebte.
Anno 57 v. u. Z.

Die Gelehrten erklärten die Inschrift, ohne die Steintafel näher zu betrachten, für eine Fälschung.
Wie kamen sie zu dieser Ansicht?

### 30. Cäsar und die „Gerechtigkeit"

Das Römische Imperium unter Cäsar ist durch die Vielzahl der Todesopfer, die das politische Regime unter seinen Gegnern forderte, traurig berühmt geworden. Wie eine Anekdote berichtet, sollte einem zum Tode Verurteilten eine „letzte Chance" gegeben werden, am Leben zu bleiben. Sein Richter verkündete, daß man

dem Sträfling zwei Papierröllchen, die die Wörter „tot" bzw. „lebendig" enthielten, zur Auswahl vorlegen wolle. Zöge der Sträfling das Röllchen mit dem Wort „tot", müsse er sterben, im andern Fall wolle man ihn am Leben lassen. Die Entscheidung sollte öffentlich gefällt werden. Der Richter schrieb jedoch in beide Röllchen das Wort „tot". Ein Vertrauter des Richters, der dem Gefangenen wohlgesonnen war, erfuhr von diesem Betrug und machte dem Sträfling in der Nacht von der geplanten Entscheidung Mitteilung. Der Verurteilte überlegte, was er gegen diesen teuflischen Plan ausrichten könnte. Die Entscheidung fiel. Der Häftling mußte am Leben gelassen werden.

Was war ihm eingefallen?

---

Ich hörte mich anklagen, als sei ich ein Feind der Mathematik überhaupt, die doch niemand höher schätzen kann als ich, da sie gerade das leistet, was mir zu Bewirken völlig versagt worden.

*Johann Wolfgang von Goethe*

---

## 31. Wenn Jack London Mathematiker gewesen wäre . . .

Der Schriftsteller Jack London beschreibt in einer Erzählung, wie er auf einem Schlitten, der mit 5 Hunden bespannt war, von Skagway (Alaska) zu seinem Lager eilte, wo sich seine sterbenden Kameraden befanden.

Die Erzählung enthält einige höchst interessante Einzelheiten, aus denen der Schriftsteller, wäre er Mathematiker gewesen, leicht die folgende Aufgabe hätte konstruieren können: Die ersten 24 Stunden der Fahrt fuhr der Hundeschlitten mit der vollen, von Jack London vorausberechneten Geschwindigkeit. Am Ende dieser 24 Stunden zerrissen 2 Hunde das Geschirr und liefen mit einem Rudel Wölfe weg. London mußte die Fahrt mit 3 Hunden fortsetzen, die den Schlitten mit einer Geschwindigkeit zogen, die nur $\frac{3}{5}$ der Anfangsgeschwindigkeit betrug. Durch diese Verzögerung kam London $2 \cdot 24$ Stunden später an den Bestimmungsort, als er berechnet hatte. Dazu bemerkt der Autor: „Wenn die beiden Hunde, die ausrissen, noch 50 Meilen im Geschirr mitgelaufen wären, hätte ich mich nur um einen Tag gegenüber dem berechneten Termin verspätet."

Es erhebt sich die Frage: Wie groß war die Entfernung von Skagway bis zum Lager? In der Erzählung ist nichts darüber gesagt, aber die Angaben genügen, um diese Entfernung zu ermitteln.

## 32. Damesteine sollen verschoben werden

1. Numerieren Sie 9 Damesteine mit den Ziffern 1 bis 9. Setzen Sie diese Steine so auf ein besonderes Spielfeld (vgl. Abb.), daß die Nummern der Felder und der Steine übereinstimmen; nur den Stein Nr. 1 setzen Sie in das Feld Nr. 10, und das Feld Nr. 1 bleibt

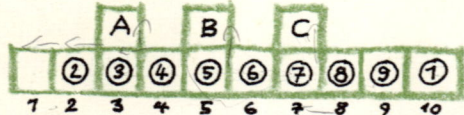

frei. Ihre Aufgabe besteht nun darin, den Stein Nr. 1 nur durch Verschieben, ohne die Steine von den Feldern wegzunehmen, in das Feld Nr. 1 zu bringen. Vorübergehend darf man einen Stein in das Feld A, B oder C bringen. Es ist nicht erlaubt, mit einem Stein einen anderen zu überspringen. Wenn der Stein Nr. 1 auf seinem Platz, dem Feld Nr. 1, ankommt, müssen auch alle übrigen Steine auf ihren früheren Plätzen sein, es müssen die Nummern der Steine und der Felder übereinstimmen.

2. Für die zweite Aufgabe nehmen Sie 8 schwarze und 8 weiße Steine und stellen sie so auf, wie es die Abbildung zeigt. Es wird verlangt, in 46 Zügen alle schwarzen Steine auf die Plätze der weißen und alle weißen Steine auf die Plätze der schwarzen zu bringen, ohne Steine von einem Feld wegzunehmen.

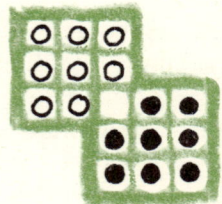

Die Steine dürfen vorwärts und rückwärts, nach rechts und nach links, aber nicht diagonal verschoben werden. Es ist gestattet, über einen Stein auf ein freies Feld zu springen. 2 Steine dürfen nicht auf ein Feld gesetzt werden. Es wird nicht verlangt, bei der Verschiebung einen Wechsel zwischen schwarzen und weißen Steinen einzuhalten; wenn nötig, darf man mehrere Male hintereinander Steine einer Farbe bewegen.

## 33. Im Rösselsprung

Zur Lösung dieser spaßigen Schachaufgabe braucht man nicht Schach zu können. Es genügt, wenn man weiß, wie sich das Rössel auf dem Schachbrett bewegt. Auf einem Schachbrett stellen Sie 16 schwarze Bauern so auf, wie es Ihnen die Abbildung zeigt.

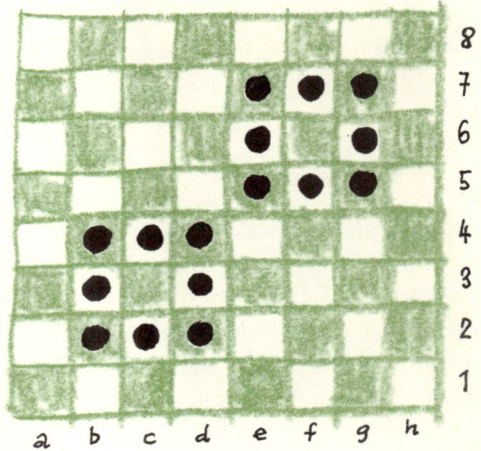

Suchen Sie sich nun ein beliebiges freies Feld aus, auf das Sie Ihr weißes Rössel stellen. Versuchen Sie, mit der geringsten Anzahl von Zügen alle Bauern zu schlagen.

### 34. Ein „gemerkter" Dominostein soll erraten werden

Geben Sie Ihren Freunden auf, daß sie sich gemeinsam, aber geheim einen beliebigen Dominostein merken.
Jetzt sollen sie nacheinander folgende Berechnungen anstellen:
1. die Anzahl der Augen einer beliebigen Hälfte des gemerkten Steins mit 2 multiplizieren,
2. zum Produkt eine beliebige, von Ihnen genannte Zahl m hinzufügen,
3. die erhaltene Summe mit 5 multiplizieren,
4. zum Produkt die Zahl der Augen der anderen Hälfte des gemerkten Steins hinzuzählen.

Fragen Sie nach dem Endresultat und ziehen Sie davon 5 m ab. Dann geben Ihnen die 2 Ziffern der erhaltenen zweistelligen Zahl die Zahl der Augen auf den Hälften des gemerkten Dominosteins an.
Nehmen wir z. B. an, daß sich Ihre Freunde den Stein 6—2 gemerkt haben. Sie haben 6 mit 2 multipliziert und nach Ihrer Forderung m = 3 hinzugefügt. Das ergibt 15. Sie multiplizieren 15 mit 5 und fügen die 2 Augen der anderen Hälfte des gemerkten Steins hinzu. Das ergibt 77. Wir ziehen 5m = 15 ab und erhalten 77 — 15 = 62. Der gemerkte Dominostein ist 6—2.
Wie kommt das zustande?

41

## 35. Die Summe der Augen auf den verdeckten Flächen
    soll erraten werden

3 Würfel sollen zu einer Säule übereinandergestapelt werden.
Wenn Sie nur die obere Fläche der Säule oder nur 2 seitliche Flächen sehen, können Sie sofort die Summe der Augen auf den verdeckten Flächen, das sind die, mit denen die Würfel aufeinanderliegen, und die auf der Unterfläche der Säule ermitteln.

So ist z. B. in der Anordnung der
Würfel, die in der Abbildung dargestellt ist, die gesuchte Summe 17.
Überlegen Sie, nach welchen Regeln man sich richten muß, um die
Summe der verdeckten Augen zu erraten!

## 36. Das Parkett

Wieviel Streichhölzer werden gebraucht, um einen Quadratmeter
mit gleich großen Quadraten auszulegen, deren Seitenlänge die
Länge eines Streichholzes beträgt?
Die Länge eines Streichholzes soll 5 cm betragen.

### 37. Die beiden Kerzen

Es brennen zwei Kerzen von ungleicher Länge und verschiedener Dicke. Die längere brennt in 3,5 Stunden nieder, die kürzere in 5 Stunden.

Nach 2 Stunden Brenndauer haben die Kerzen die gleiche Länge. Wieviel war die eine Kerze anfangs kürzer als die andere?

### 38. Wie rollt man die schwarzen Kugeln heraus?

In einer engen, sehr langen Rinne befinden sich 8 Kugeln: 4 schwarze links, 4 weiße von nur minimal größerem Durchmesser rechts. In der Mitte der Rinne ist in der Wand eine kleine Ausbuchtung, in der nur eine Kugel, gleich welcher Art, Platz hat. 2 Kugeln können nebeneinander quer zur Rinne nur an der Stelle liegen, wo sich die Ausbuchtung befindet. Das linke Ende der Rinne ist geschlossen, aber am rechten Ende ist eine Öffnung, durch die wohl die schwarzen, nicht aber die weißen Kugeln hindurchrollen können.

Wie kann man alle schwarzen Kugeln aus der Rinne herausrollen? (Das Herausnehmen der Kugeln aus der Rinne ist nicht gestattet).

### 39. Das „Fensterchen"

Aus Dominosteinen kann man „Fensterchen" mit gleicher Augenzahl auf jeder Seite legen.
Bilden Sie unter Verwendung aller 28 Dominosteine weiter 7 gleichartige „Fensterchen", die besagte Eigenschaften besitzen.

43

1. Die Zahlen der Augen in den Ecken der Quadrate gehen zweimal in die Berechnung ein, einmal in die horizontalen und einmal in die vertikalen Seite.
2. Die Augenzahl braucht nur in den Seiten jedes einzelnen „Fensterchens" gleich zu sein.

### 40. Der Rahmen

Legen Sie die Dominosteine nach der üblichen Spielregel aneinander, so daß ein quadratischer Rahmen entsteht. Verwenden Sie dabei alle 28 Steine und ordnen Sie sie so an, daß bei jeder Seite des Quadrats die Summe der Augen 44 ist!

### 41. Domino-Brüche

Nehmen Sie aus einem Dominospiel alle Steine heraus, deren Hälften die gleiche Anzahl Augen enthalten, dazu auch die Steine, die nur auf einer Hälfte Augen haben. Die übrigen 15 Steine kann man als Brüche betrachten und sie so in 3 Reihen aufstellen, daß die Summe der Brüche in jeder Reihe $2\frac{1}{2}$ ist.

44

Es ist interessant, daß man, werden diese 15 Dominosteine anders verteilt, Reihen von Brüchen bilden kann, deren Summe eine ganze Zahl ist. (Im allgemeinen sind es jedoch in verschiedenen Reihen verschiedene Zahlen.)

## 42. Scherzaufgabe

Ein Spieler bemühte sich unverdrossen, den Springer auf einem Schachbrett von der linken unteren Ecke (Feld a1) nach der rechten oberen Ecke (Feld h8) zu bringen, wobei der Springer jedes Feld einmal berühren sollte. Es gelang ihm aber nicht.

Beweisen Sie, daß die Aufgabe tatsächlich unlösbar ist!

## 43. Noch mehr!

Versuchen Sie, einen Kreis durch 6 Geraden in die größtmögliche Anzahl von Teilen zu zerlegen.

In nebenstehender Abbildung ist der Kreis z. B. in 16 Teile zerlegt. Aber das ist noch nicht die größte Anzahl von Teilen; man kann beweisen, daß sie sich nach der Formel $\frac{n^2 + n + 2}{2}$ berechnen läßt, wobei n die Anzahl der schneidenden Geraden ist.

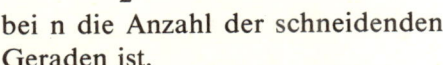

Bemühen Sie sich, bei der Lösung eine symmetrische Anordnung der Geraden zu erreichen!

## 44. Mit 4 Geraden

Zeichnen Sie 9 Punkte so auf, daß sie ein Quadrat wie in der Abbildung ergeben. Jetzt verbinden Sie alle Punkte mit 4 Geraden, ohne den Bleistift abzusetzen.

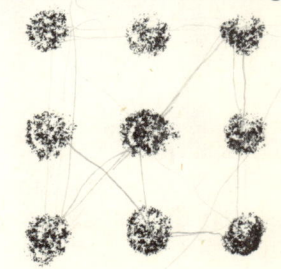

45

### 45. Das Verhältnis der Flächen wird gewahrt

Aus 20 Streichhölzern sind 2 Rechtecke gebildet worden: das eine aus 6 und das andere aus 14 Streichhölzern. Durch punktierte Linien ist das erste Rechteck in 2 und das zweite in 6 gleich große Quadrate geteilt. Daraus folgt, daß die Fläche des zweiten Rechtecks dreimal so groß ist wie die des ersten.

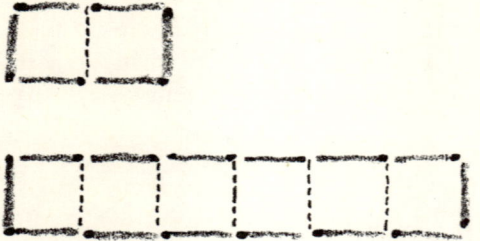

Teilen Sie jetzt diese 20 Streichhölzer in zwei andere Gruppen auf: in 7 und 13 Streichhölzer. Setzen Sie aus jeder Gruppe eine Figur so zusammen, daß die Fläche der zweiten Figur dreimal so groß ist wie die der ersten. (Die Figuren brauchen nicht von gleicher Gestalt zu sein.)

### 46. Die Spirale

Aus 35 Streichhölzern ist eine Figur gelegt, die an eine Spirale erinnert. Legen Sie 4 Streichhölzer so um, daß 3 Quadrate entstehen.

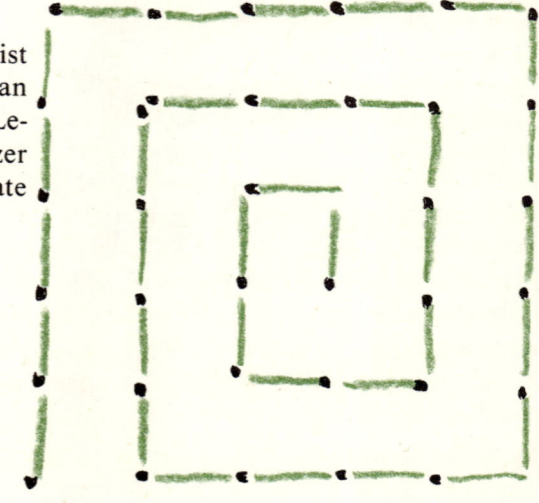

### 47. Scherz

Wenn Sie irgendwann einmal Langeweile haben sollten, dann versuchen Sie, 6 Streichhölzer so hinzulegen, daß ein Quadrat entsteht.

46

### 48. Eine Aufgabe für einen Handwerksmeister

Zu einem Tischler brachte man 2 kongruente ovale Platten mit einer länglichen Öffnung in der Mitte und trug ihm auf, daraus eine kreisrunde geschlossene Tischplatte anzufertigen.

Die Platten waren aus kostbarem Holz, und der Meister wollte sie vollständig, ohne Abfall, für die Arbeit verwenden.

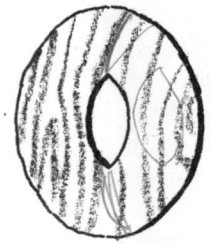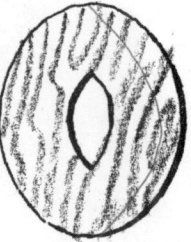

Um keine unnützen und unüberlegten Schnitte zu machen, fertigte der Tischler aus festem Papier das Schnittmuster einer Tafel an. Er betrachtete genau die Form und maß mit dem Zirkel nach. Da zeigte sich, daß sich die Absicht des Meisters vollständig durchführen ließ und er dabei mit einer geringen Anzahl von Schnitten bei jeder Tafel auskam.
Wie zersägte der Tischler die Tafeln?

### 49. Mathematik aus Indien (etwa 2000 v. u. Z.)

Im alten Indien war eine eigenartige „Sportart" verbreitet — öffentliche Wettbewerbe bei der Lösung komplizierter Aufgaben. Einige indische mathematische Handbücher sollten als Unterstützung für solche Wettbewerbe um die Meisterschaft im Denksport dienen. Der Verfasser eines dieser Lehrbücher schrieb: „Nach den hier angeführten Regeln kann sich der Weise tausend andere Aufgaben ausdenken. Wie die Sonne mit ihrem Schein die Sterne überstrahlt, so stellt auch der gelehrte Mensch den Ruhm eines anderen in den Volksversammlungen in den Schatten, stellt und löst er algebraische Aufgaben." Das ganze Buch ist in Versen geschrieben. Eine Aufgabe haben wir in Prosa übertragen:
„Bienen von der Zahl, gleich der Quadratwurzel der Hälfte ihres gesamten Schwarms, setzten sich auf einen Jasminstrauch und ließen $\frac{8}{9}$ des Schwarms zurück. Und nur eine Biene desselben Schwarms kreiste um eine Lotosblume, angelockt vom Gesumm einer Freundin, die unvorsichtigerweise in die Falle der süß duftenden Blume geriet.
Wieviel Bienen waren insgesamt im Schwarm?"

47

## 50. Aus dem Papyrus Rhind (um 1700 v. u. Z.)

Dieser Papyrus, der von dem Engländer Rhind Ende des vorigen Jahrhunderts gefunden wurde, stellt eine Abschrift eines anderen, noch älteren ägyptischen mathematischen Werkes dar, das wahrscheinlich ins 3. Jahrtausend v. u. Z. gehört.

Daraus 2 Aufgaben:

1. Ein Mathematiker ermittelte, daß in einer Teilherde, die ein Hirte auf die Weide führte, 70 Tiere waren. Er fragte, wie groß der Teil des Viehs seiner Herde ist, den er treibt. Darauf antwortete der Hirt: „Ich führe zwei Drittel von einem Drittel der Herde, die mir anvertraut ist, auf die Weide."

Wie groß war die Stückzahl seiner Herde?

Aber auch formale Aufgaben finden wir in dieser alten Schrift:

2. Berechne x aus $\left[\left(x + \frac{2}{3}x\right) + \frac{1}{3}\left(x + \frac{2}{3}x\right)\right] \cdot \frac{1}{3} = 10$ !

## 51. Statt eines Märchens

In den arabischen Erzählungen von „Tausendundeiner Nacht", die vor vielen hundert Jahren gesammelt worden sind, finden wir in der 458. Nacht ein schönes Rätsel:

„Eine fliegende Taubenschar kam zu einem hohen Baume, und ein Teil von ihnen setzte sich auf den Baum, ein anderer darunter. Da sprachen die auf dem Baume zu denen, die unten waren:

„Wenn eine von euch herauffliegt, so seid ihr ein Drittel von uns allen; und wenn eine von uns hinabfliegt, so werden wir euch an Zahl gleich sein!"

Wieviel Tauben waren auf dem Baum, wieviel unter dem Baum?

## 52. Kaiser Karls Rechenrätselrunde

Kaiser Karl war den Wissenschaften zugewandt und versuchte ständig, Studien zu fördern. Bei der Tafelrunde unterhielt man sich mit Rechenrätseln, um den Geist zu schärfen. Der berühmteste der Männer dieser Runde war der Mathematiker Alcuin, ein gelehrter Mönch aus Irland. Er veröffentlichte Elementarschriften der Mathematik.

Eine seiner Scherzfragen stellte Alcuin dem Kaiser, als sie nach der Jagd zusammensaßen. Er bat den Kaiser, ihm doch zu verraten, nach wieviel Sprüngen sein Jagdhund einen in der Entfernung von 150 Fuß voraushoppelnden Hasen einholt, wenn der Hase bei

jedem Sprung 7 Fuß zurücklegt, der Jagdhund hingegen schneller ist und 9 Fuß weit springt. Karl war nicht nur ein geschickter Jäger, sondern auch ein guter Rechner.
Wie lautete seine Antwort?

### 53. Wer wird ihr König?
Nach der Sage setzte sich die böhmische Königin selbst zum Preis für denjenigen ihrer Freier aus, der das folgende Rätsel lösen könnte: „Wenn ich aus diesem Korb mit Pflaumen dem ersten Freier die Hälfte des Inhalts und noch eine Pflaume, dem zweiten die Hälfte des Rests und noch eine Pflaume, dem dritten die Hälfte des nunmehrigen Rests und noch drei Pflaumen geben würde, dann wäre der Korb geleert.
Nenne die Anzahl der Pflaumen, die der Korb enthält!"
Hätten Sie die Hand der Libussa erhalten?

### 54. Das Bild des Krebses
Das Bild des Krebses, das in der Abbildung dargestellt ist, besteht aus 17 Teilen.
Bilden Sie aus den Teilen des Krebses schnell 2 Figuren: einen Kreis und daneben ein Quadrat.

### 55. Mathematik aus dem alten Rom (etwa 100 v. u. Z.)

Die Gesetzeshüter im alten Rom stellten sich gegenseitig Aufgaben. Eine lautete:

Eine Witwe ist verpflichtet, die Hinterlassenschaft ihres Mannes in Höhe von 3500 Denar mit dem Kind, das sie erwartet, zu teilen. Wird es ein Sohn, so erhält sie nach den römischen Gesetzen die Hälfte des Anteils des Sohnes. Wird eine Tochter geboren, so erhält die Mutter den doppelten Anteil der Tochter. Nun wurden jedoch Zwillinge geboren — ein Sohn und eine Tochter.

Wie ist die Erbschaft aufzuteilen, daß allen Forderungen des Gesetzes entsprochen wird?

Branco B., ein jugoslawischer Klempner, stellt als Souvenirs für Touristen 3 Serien von Kannen her, deren Öffnungen verschiedene Formen haben: kreisrunde, quadratische und dreieckige. Mit dem Korkverschluß der Kanne will er nicht soviel Arbeit haben, und er überlegt, ob sich dafür nicht eine Form finden ließe, mit der man alle 3 Kannenöffnungen verschließen kann.
Welche Form muß ein solcher Korkverschluß haben?

51

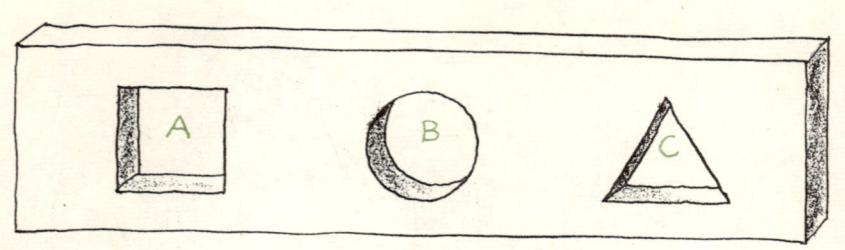

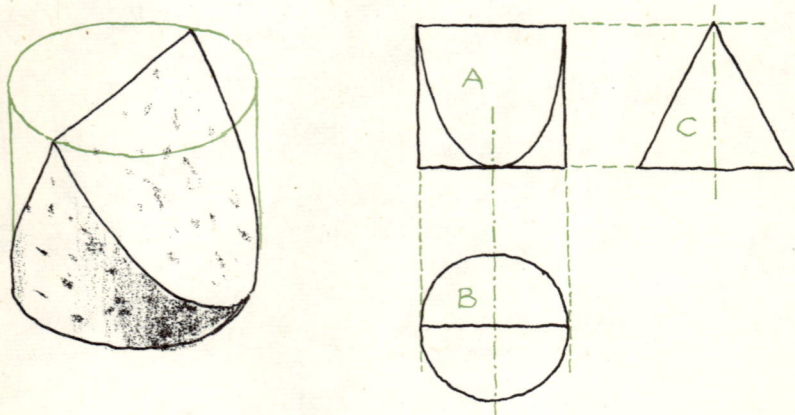

Ein zylindrischer Korkstopfen, dessen Höhe gleich dem Durchmesser ist, wird von der Seite als Quadrat, von oben als Kreis gesehen. Schneidet man ihn keilförmig zu und blickt man jetzt von der Seite auf eine Keilfläche, sieht man als Umriß weiterhin ein Quadrat (A), in Richtung der Keilschneide jedoch ein Dreieck (C), und von oben ist als Umriß ein Kreis (B) sichtbar. Damit paßt der Stopfen in alle 3 Öffnungsformen A, B und C.

52

## 29. Historiker am Werk

Eine Jahresangabe, wie sie die Inschrift enthält, erfordert eine Rückrechnung vom Bezugspunkt Null unserer Zeitrechnung aus.

Lösung

Eine solche Rückrechnung war aber zu Cäsars Zeit nicht möglich. Woher also wollte Claudius wissen, daß er im Jahre 57 v. u. Z. die Tafel anbrachte?

## 30. Cäsar und die „Gerechtigkeit"

Die beiden Papierröllchen sind vergleichbar mit 2 Objekten, von denen wir wissen, daß eins von ihnen die Eigenschaft A, das andere die Eigenschaft B besitzt. Hingegen ist uns bekannt, zu welchem der beiden Objekte die Eigenschaft A und zu welchem die Eigenschaft B gehört. Haben wir jedoch eines der Objekte identifiziert, ist damit auch das andere eindeutig bestimmt. Diese Überlegung, auf das vorliegende Problem angewandt, ergibt: Nach der Verkündung des Urteils sollte eines der Losröllchen das Wort „tot", das andere das Wort „lebendig" enthalten. Zöge der Verurteilte das Los mit dem Wort „tot", so müßte nach Voraussetzung das andere Röllchen das Wort „lebendig" enthalten, unabhängig davon, ob sich die Anwesenden davon überzeugten oder nicht.

Der Verurteilte mußte also die neue Voraussetzung, die der Richter durch seinen Betrug schuf, ausschalten und das Problem dadurch eindeutig machen, daß er eines der Röllchen, nämlich das von ihm gezogene, ohne es anzusehen, verschwinden ließ (z. B. verschluckte).

53

## 31. Wenn Jack London Mathematiker gewesen wäre . . .

Die Entfernung von Skagway bis zu dem Lager, zu dem Jack London eilte, betrug $133\frac{1}{3}$ Meilen.

Nach der Bedingung wäre Jack London um einen Tag früher in das Lager gekommen, wenn er weitere 50 Meilen mit voller Geschwindigkeit zurückgelegt hätte. Folglich wäre er um 2 Tage früher, also ohne Verspätung, im Lager eingetroffen, wenn er noch 100 Meilen mit voller Geschwindigkeit zurückgelegt hätte. Hieraus kann man folgern, daß es am Schluß des ersten Tages der Fahrt noch 100 Meilen bis zum Lager waren. Wenn London die ganze Zeit mit voller Geschwindigkeit gefahren wäre, hätte er anstatt 100 Meilen $\frac{100 \cdot 5}{3}$ Meilen $= 166\frac{2}{3}$ Meilen zurückgelegt. Die überschießenden $66\frac{2}{3}$ Meilen hätten ihm 2 Tage Fahrt erspart. Hieraus folgt, daß die volle, von Jack London berechnete Geschwindigkeit $33\frac{1}{3}$ Meilen je Tag betrug. In den ersten 24 Stunden legte er daher $33\frac{1}{3}$ Meilen zurück.

Wenn wir hierzu die übrigen 100 Meilen hinzufügen, erhalten wir die gesamte Entfernung. Sie beträgt 100 Meilen $+ 33\frac{1}{3}$ Meilen $= 133\frac{1}{3}$ Meilen.

## 32. Damespielsteine sollen verschoben werden

1. Wir legen fest, daß die erste Zahl die Nummer des Steins und die zweite Zahl (in einigen Fällen der Buchstabe) die Nummer des Feldes angibt, in das der Stein gesetzt werden soll. Dann können die Steine in folgender Reihenfolge verschoben werden:

$2 \to 1$; $3 \to 2$; $4 \to 3$; $4 \to A$; $5 \to 4$; $5 \to 3$; $6 \to 5$; $6 \to 4$; $7 \to 6$; $7 \to 5$; $7 \to B$; $8 \to 7$; $8 \to 6$; $8 \to 5$; $9 \to 8$; $9 \to 7$; $9 \to 6$; $1 \to 9$; $1 \to 8$; $1 \to 7$; $1 \to C$; $9 \to 7$; $9 \to 8$; $9 \to 9$; $9 \to 10$; $8 \to 6$; $8 \to 7$; $8 \to 8$; $8 \to 9$; $7 \to 5$; $7 \to 6$; $7 \to 7$; $7 \to 8$; $1 \to 7$; $1 \to 6$; $1 \to 5$; $1 \to B$; $6 \to 5$; $6 \to 6$; $6 \to 7$; $6 \to C$; $5 \to 4$; $5 \to 5$; $5 \to 6$; $5 \to 7$; $4 \to 3$; $4 \to 4$; $4 \to 5$; $4 \to 6$; $1 \to 5$; $1 \to 4$; $1 \to 3$; $1 \to A$.

Die weitere Reihenfolge ist klar.

2. Wenn wir die möglichen Richtungen für die Bewegungen der Steine als die 4 Himmelsrichtungen Norden, Süden, Osten und We-

sten ansehen, dann läßt sich die Reihenfolge, in der die Steine verschoben werden müssen, so ausdrücken:

1. Zug nach Osten
2. Sprung nach Westen
3. Zug nach Westen
4. Sprung nach Osten
5. Zug nach Norden
6. Sprung nach Süden

weiter in abgekürzter Reihenfolge:

Lösung

| | | | | | |
|---|---|---|---|---|---|
| 7. ZS | 14. SW | 21. SS | 28. ZN | 35. ZO | 42. ZO |
| 8. SN | 15. ZS | 22. ZW | 29. SS | 36. SW | 43. SN |
| 9. SO | 16. SO | 23. SN | 30. SW | 37. SS | 44. ZS |
| 10. ZW | 17. ZN | 24. SN | 31. SN | 38. SO | 45. SS |
| 11. SW | 18. SS | 25. ZS | 32. ZO | 39. SO | 46. ZN |
| 12. ZN | 19. ZO | 26. SS | 33. SW | 40. ZW | |
| 13. ZO | 20. ZN | 27. SO | 34. SN | 41. SW | |

## 33. Im Rösselsprung

Es sind mindestens 16 Züge erforderlich. Als erstes kann man jeden beliebigen Bauern schlagen, mit Ausnahme der Bauern c4, d3, d4, e5, e6 und f5. Wenn das Rössel als ersten Bauern z. B. den Bauern c2 schlägt, folgt als nächster der Bauer b4 und dann weiter d3, b2, c4, d2, b3, d4, e6, g7, f5, e7, g6, e5, f7 und g5.

## 34. Ein „gemerkter" Dominostein soll erraten werden

Es soll der Stein x—y gemerkt und die Hälfte mit den x Augen ausgewählt worden sein. Wir führen die Berechnung aus:
1. $2x$; 2. $2x + m$; 3. $(2x + m)5 = 10x + 5m$; 4. $10x + 5m + y$.
Wir subtrahieren $5m$; es bleiben $10x + y$, eine zweistellige Zahl. Die Ziffern des Zehners und des Einers dieser zweistelligen Zahl stimmen überein mit den Ziffern x und y, die die Zahlen der Augen auf dem gemerkten Stein bezeichnen.

## 35. Die Summe der Augen auf den verdeckten Flächen
###  soll erraten werden

1. Feststellung der verdeckten Summe nach der sichtbaren Zahl der Augen auf der oberen Fläche der Säule. Die Summe der Augen auf den verdeckten Flächen, mit denen die Würfel aufeinanderliegen, und auf der unteren Fläche ist 21 minus die Zahl der Augen,

55

die auf der oberen Fläche der Säule sichtbar ist. Wenn also die Augen addiert werden, die sich auf allen horizontalen Flächen der 3 Würfel befinden, die Augen auf 3 Paar einander gegenüberliegender Flächen, dann beträgt die Summe 21 (3 · 7 = 21). Aber die Summe soll nach der Bedingung der Aufgabe nicht die Zahl der Augen a auf der oberen Fläche enthalten. Wenn wir diese Zahl von 21 abziehen, erhalten wir die gesuchte Summe.

2. Feststellung der verdeckten Summe nach 2 sichtbaren Seitenflächen der Säule. Bei Betrachtung des „Prinzips der Sieben" sind 2 Reihenfolgen für die Anordnung der Augen auf den Flächen eines Spielwürfels möglich. Die eine Reihenfolge für die Anordnung ist die spiegelbildliche Wiedergabe der anderen. Legen Sie einen Würfel mit der 1 nach oben auf den Tisch. Dann befindet sich die 2 auf einer Fläche und die 3 auf einer benachbarten Fläche rechts oder links davon. Mit anderen Worten, folgen beim Blick von oben die 3 Augen den 2 Augen entweder im oder entgegengesetzt dem Uhrzeigersinn. Vergleichen Sie die Abbildungen a und b.

Nachdem die Reihenfolge der Anordnung für 1, 2 und 3 Punkte festliegt, ist die Anordnung der 4, 5 und 6 Punkte auf den übrigen Würfelflächen eindeutig nach dem „Prinzip der Sieben" bestimmbar. Wenn wir wissen, wie die Punkte auf den Seiten des Würfels zueinander geordnet sind und das „Prinzip der Sieben" kennen, genügt es, wenn wir 2 beliebige benachbarte Seitenflächen des Würfels sehen, um die Zahl der Augen auf der oberen und dann auch auf der unteren Fläche festzustellen.

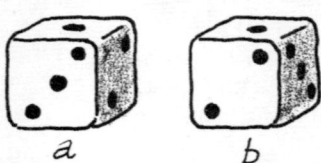

$a$        $b$

Zum Beispiel sehen wir auf dem unteren Würfel in der Abbildung auf Seite 44 auf einer Fläche 3 Punkte und auf der rechten benachbarten 5 Punkte. Folglich müssen auf der benachbarten Fläche nach links 2 Punkte sein, oben 1 Punkt und unten 6 Punkte (wenn es ein Würfel vom Typ b ist). Auf dem mittleren Würfel hat eine Seitenfläche 6 Augen, folglich die abgewandte ein Auge, die rechte hat 3, folglich die obere 2 und die untere 5 Augen. Zum fehlerlosen Erraten der Augen auf den verdeckten Flächen nach der gezeigten Methode sind freilich angespannte Aufmerksamkeit und

56  praktische Übung erforderlich.

## 36. Das Parkett
Es werden genau 840 Streichhölzer benötigt.

## 37. Die beiden Kerzen
x soll die Länge der längeren, y die der kürzeren Kerze sein. In einer Stunde brennt die erste Kerze um $x : 3\frac{1}{2} = \frac{2}{7}x$ herunter und die zweite um $y : 5 = \frac{1}{5}y$. In 2 Stunden brennen sie entsprechend $\frac{4}{7}x$ und $\frac{2}{5}y$ herunter.

Von der ersten Kerze bleiben $\frac{3}{7}x$, von der zweiten $\frac{3}{5}y$. Nach der Bedingung der Aufgabe ist $\frac{3}{7}x = \frac{3}{5}y$. Folglich war die eine Kerze $\frac{5}{7}$mal so lang wie die andere.

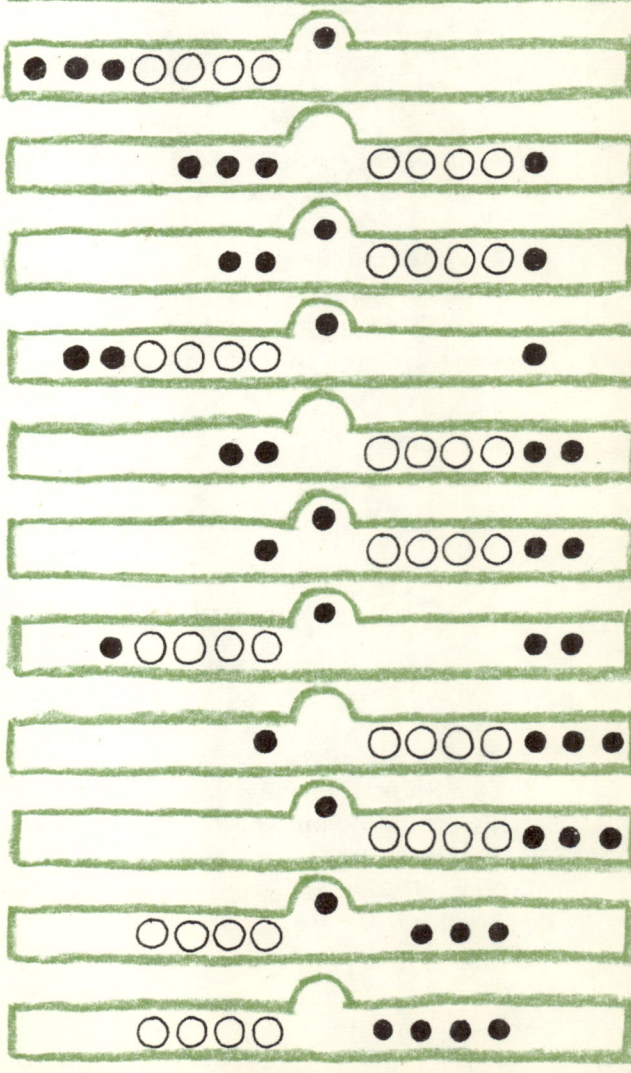

## 38. Wie rollt man die schwarzen Kugeln heraus?
Die Abbildung zeigt Ihnen, welche Verschiebungen nötig sind.

### 39. Das „Fensterchen"
Die Lösung ist in der Abbildung dargestellt.

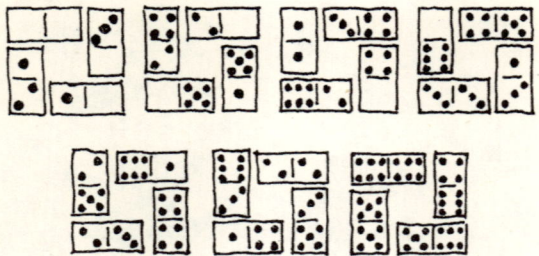

### 40. Der Rahmen
Obere Seite (von links nach rechts): 4—3, 3—3, 3—1, 1—1, 1—4, 4—6, 6—0. Rechte Seite (von oben nach unten): 0—2, 2—4, 4—4, 4—5, 5—5, 5—1, 1—2. Untere Seite (von rechts nach links): 2—3, 3—5, 5—0, 0—3, 3—6, 6—2, 2—2. Linke Seite (von unten nach oben): 2—5, 5—6, 6—6, 6—1, 1—0, 0—0, 0—4.

Der Anschluß in den oberen beiden Ecken wird Ihnen in der Abbildung gezeigt.

### 41. Domino-Brüche
Eine der möglichen Lösungen:

$$\frac{1}{3} + \frac{6}{1} + \frac{3}{4} + \frac{5}{3} + \frac{5}{4} = 10,$$

$$\frac{2}{1} + \frac{5}{1} + \frac{2}{6} + \frac{6}{3} + \frac{4}{6} = 10,$$

$$\frac{4}{1} + \frac{2}{3} + \frac{4}{2} + \frac{5}{2} + \frac{5}{6} = 10.$$

### 42. Scherzaufgabe
Der Springer gelangt immer von einem schwarzen Feld auf ein weißes und dann von einem weißen wiederum auf ein schwarzes Feld usw. Das Schachbrett hat 64 Felder. Um in die rechte obere Ecke (Feld h8) zu gelangen, muß der Springer, wenn er jedes Feld berührt, 63 Züge ausführen.

Am Anfang steht der Springer auf einem schwarzen Feld und muß am Ende ebenfalls auf einem schwarzen Feld ankommen (h8). Das ist aber nicht möglich, weil der 63. Zug ein ungerader ist und der Springer bei jedem ungeraden Zug, da er doch auf einem schwarzen Feld beginnt, auf ein weißes Feld kommt.

Lösung

### 43. Noch mehr!
Um die größtmögliche Anzahl von Teilen zu erreichen, muß man die Geraden so legen, daß jede von ihnen alle übrigen schneidet, wobei sich in einem Punkt nicht mehr als 2 Geraden schneiden dürfen.
Eine der Lösungsmöglichkeiten wird in der Abbildung gezeigt; die Anordnung der Geraden ist symmetrisch. Sie erhalten 22 Teile.

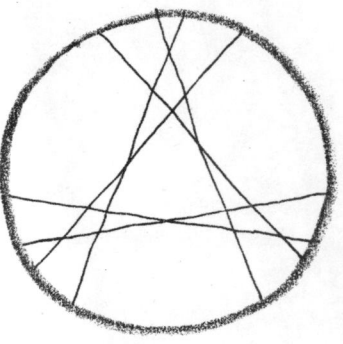

### 44. Mit 4 Geraden
Eine der möglichen Lösungen wird Ihnen in der Abbildung gezeigt.

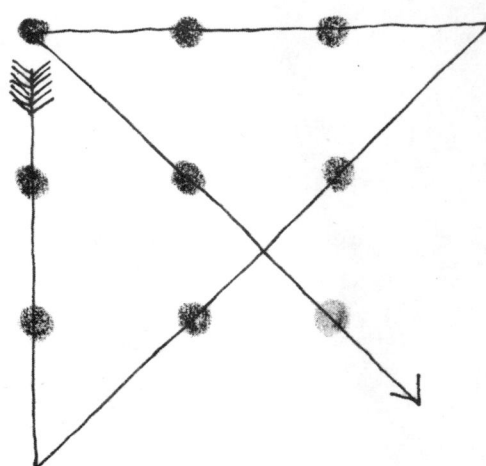

### 45. Das Verhältnis der Flächen wird gewahrt
Es sind auch noch andere Lösungen, als in der Abbildung dargestellt, möglich.

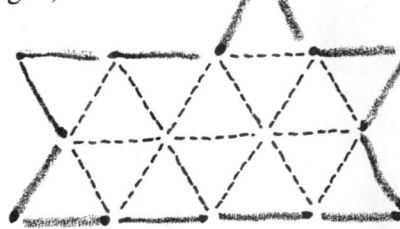

59

## 46. Die Spirale
So kann die Lösung
aussehen:

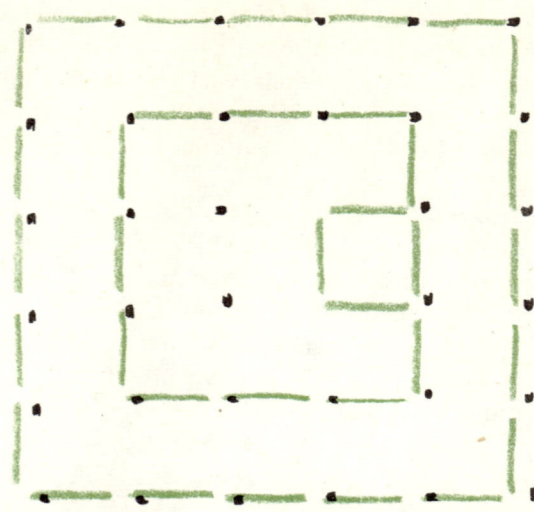

## 47. Scherz
Knicken Sie 2 Streichhölzer in der
Mitte, und das Problem ist gelöst.

## 48. Eine Aufgabe für einen Handwerksmeister
Zunächst stellte der Tischler fest, daß jede Tafel eine symmetrische
Figur mit 2 Symmetrieachsen darstellt. Dann fand er folgendes:
Wenn man die Hälfte der Längsachse der Öffnung (OA in der

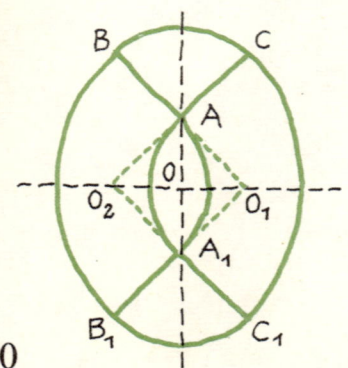

Abb.) auf der Querachse abträgt ($OO_1$ = OA und $OO_2$ = OA) und die Punkte $O_1$ und A sowie $O_2$ und A durch Geraden verbindet, dann stellt jede der Figuren $BO_1B_1$ und $CO_2C_1$ genau ein Viertel eines Kreises mit dem Radius $BO_1$ dar und jede der Figuren ABC und $A_1B_1C_1$ ein Viertel eines Kreises mit dem Radius $A_1B_1$, der gleich der Hälfte des Radius $O_1B_1$ ist.

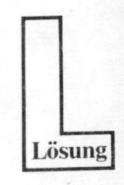

Der Tischler zersägte jede Platte entlang den Linien BA, CA, $B_1A_1$ und $C_1A_1$ und leimte aus den 8 Teilen eine kreisrunde Tischplatte, wie sie in der Abbildung dargestellt ist.

### 49. Mathematik aus Indien

Es sei x die Anzahl der Bienen eines Schwarms. Dann gilt:

$$x = \sqrt{\frac{x}{2}} + \frac{8}{9}x + 2. \qquad (1)$$

Für $\sqrt{\frac{x}{2}}$ wird y gesetzt. Dann ist $y^2 = \frac{x}{2}$ bzw. $x = 2y^2$ und damit erhält (1) die Form

$$y + \frac{16}{9}y^2 + 2 = 2y^2,$$

$$2y^2 - 9y - 18 = 0.$$

Es folgt

$$y_1 = 6; \ y_2 = -\frac{3}{2}.$$

Die entsprechenden Werte für x sind $x_1 = 72$; $x_2 = 4{,}5$. Da die Anzahl der Bienen nur eine natürliche Zahl sein kann, gilt

$$\sqrt{\frac{72}{2}} + \frac{8}{9} \cdot 72 + 2 = 72.$$

Der Schwarm bestand also aus 72 Bienen.

### 50. Aus dem Papyrus Rhind

a) Es sei x die Anzahl der Tiere dieser Herde. Dann gilt

$$\frac{2}{3} \cdot \frac{1}{3}x = 70.$$

Die äquivalente Umformung ergibt

$$\frac{2}{9}x = 70; \ 2x = 630; \ x = 315.$$

Der Hirt hatte in der Herde 315 Stück Vieh.

61

b) $\left(x + \dfrac{2}{3}x + \dfrac{1}{3}x + \dfrac{2}{9}x\right) \cdot \dfrac{1}{3} = 10,$

$\left(\dfrac{9}{9}x + \dfrac{6}{9}x + \dfrac{3}{9}x + \dfrac{2}{9}x\right) \cdot \dfrac{1}{3} = 10,$

$\left(\dfrac{20}{9}x\right) \cdot \dfrac{1}{3} = 10, \; x = \dfrac{10 \cdot 27}{20}, \; x = 13{,}5.$

## 51. Statt eines Märchens

Es seien x die Anzahl der Tauben auf dem Baum und y die Anzahl der Tauben unter dem Baum. Dann gilt

$y - 1 = \dfrac{x + y}{3}.$

Ferner gilt $x - 1 = y + 1$, also $x = y + 2$.
Daraus folgt
$(y - 1) \cdot 3 = y + 2 + y,$
$\quad 3y - 3 = 2y + 2,$
$\qquad y = 5.$

Ferner ergibt sich $x = y + 2 = 7$.
7 Tauben waren auf dem Baum, 5 Tauben unter dem Baum.

## 52. Kaiser Karls Rechenrätselrunde

Bei jedem Sprung verringert der Hund den ursprünglichen Abstand von 150 Fuß um 2 Fuß.
$9 - 2 = 7, \; 150 : 2 = 75$
Also hat der Hund den Hasen nach 75 Sprüngen eingeholt.

## 53. Wer wird ihr König?

Ist x die Anzahl der Pflaumen, die der Korb enthält, dann bekommt der erste Freier $\left(\dfrac{x}{2} + 1\right)$ Pflaumen. Als Rest verbleiben

Pflaumen in der Anzahl $x - \left(\dfrac{x}{2} + 1\right) = \dfrac{x}{2} - 1$. Die Anzahl der

Pflaumen, die der zweite Freier bekommt, ist hiernach

$\dfrac{1}{2}\left(\dfrac{x}{2} - 1\right) + 1 = \dfrac{x}{4} + \dfrac{1}{2}$, und als nunmehriger Rest verbleiben

Pflaumen in der Anzahl $\left(\dfrac{x}{2} - 1\right) - \left(\dfrac{x}{4} + \dfrac{1}{2}\right) = \dfrac{x}{4} - \dfrac{3}{2}.$

62  Die Anzahl der Pflaumen, die der dritte Freier bekommt, ist dann

$$\frac{1}{2}\left(\frac{x}{4} - \frac{3}{2}\right) + 3 = \frac{x}{8} + \frac{9}{4}.$$

Danach ist der Korb geleert, woraus die Gleichung

$$\left(\frac{x}{4} - \frac{3}{2}\right) - \left(\frac{x}{8} + \frac{9}{4}\right) = 0 \text{ folgt. } \frac{x}{8} = \frac{15}{4}, x = 30.$$

Daher enthält der Korb genau 30 Pflaumen.

Lösung

### 54. Das Bild des Krebses
So sieht die Lösung aus:

### 55. Mathematik aus dem alten Rom
Der Sohn habe x, die Tochter y und die Witwe z Denar zu erhalten. Dann gilt:

$$x + y + z = 3500, \quad x = 2z, \quad y = \frac{z}{2}.$$

Es folgt $x = 2000$, $y = 500$, $z = 1000$.
Die Witwe hat 1000 Denar zu
bekommen, der Sohn 2000
und die Tochter 500 Denar.

# Der Tausendfüßler

oder
Von der Weisheit
gedanklichen Gleichschritts

### 56. Merkwürdiger Gleichschritt?

Einer Überlieferung zufolge habe der griechische Held Achilles eine Schildkröte, die einen Vorsprung vor ihm hatte, trotz seiner größeren Laufgeschwindigkeit nicht einholen können.

Das wird folgendermaßen begründet: „Angenommen, die Schildkröte hat den Vorsprung $s_0$. Wenn Achilles diesen Weg $s_0$ zurückgelegt hat, ist die Schildkröte bereits ein Stück $s_1 < s_0$ weitergelaufen und befindet sich vor Achilles. Nachdem Achilles auch den Weg $s_1$ hinter sich gebracht hat, befindet sich die Schildkröte wieder ein Stück $s_2 < s_1$ vor Achilles, und diesen Schluß kann man beliebig oft wiederholen, ohne zu einem Ende zu kommen." Wenngleich diese Erklärung im Moment verblüfft, ist man doch davon überzeugt, daß hier ein Trugschluß vorliegen muß.

Worin liegt dieser Trugschluß begründet, und wie kann er geklärt werden?

### 57. Meisterliches Denken

Einem Meister, der Spielzeug anfertigte, brachte man eine Anzahl hölzerner Würfel gleicher Größe; er sollte auf die Würfel Buchstaben und Zahlen für ein Spiel kleben. Der gesamte Inhalt der Oberflächen aller Würfel reichte aber nicht aus. Er brauchte eine doppelt so große Fläche.

Wie verdoppelt er die Summe des Oberflächeninhalts aller Würfel, ohne neue Würfel hinzuzunehmen?

### 58. Verschlüsselte Mathematiker

Sicher wird Ihnen die Entschlüsselung dieser Aufgabe nicht schwerfallen:

$$\begin{array}{r} \text{GAUSS} \\ + \ \text{RIESE} \\ \hline \text{EUKLID} \end{array}$$

Daß hier die Namen von drei bedeutenden Mathematikern auftreten (mit „Riese" ist der deutsche Rechenmeister Adam Ries gemeint), macht die Aufgabe besonders originell.
Wieviel Lösungen gibt es, und wie lauten sie?

### 59. Einfach zählen

Ein Test Ihrer geometrischen Auffassungsgabe: Zählen Sie aus, wieviel Dreiecke in der Figur enthalten sind, die in der Abbildung dargestellt ist.

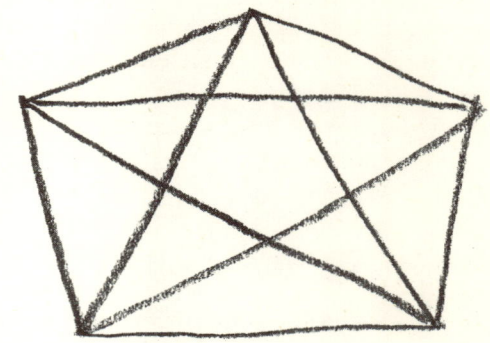

### 60. Vertrackte Leinwand

Ein Kunstschüler bildete sich ein, die zweckmäßigsten Ausmaße einer rechteckigen Leinwand für seine Werke seien die, bei denen sich die Fläche der Leinwand und ihr Umfang durch ein und dieselbe Zahl ausdrücken ließen. Wir werden nicht die Frage erörtern, ob solche Maße zur besseren Wirkung von Gemälden beitragen; wir werden vielmehr festzustellen versuchen, welche Maße ein Rechteck haben muß, damit sein Umfang, ausgedrückt durch eine gewisse Maßeinheit, dieselbe Zahl beträgt wie seine Fläche. (Wir nehmen an, daß die Maße nur in ganzen Zahlen ausgedrückt sind.)

Das ist keine leichte Aufgabe, und dennoch hat man eine elegante Lösung ersonnen. Dabei wurde sogar bewiesen, daß überhaupt nur 2 Rechtecke möglich sind, die die Bedingung der Aufgabe erfüllen.

Nun ist es an Ihnen, die Lösung zu „entdecken" oder eine nicht weniger geistreiche zu ersinnen!

### 61. Erfinderische Tischlermeister

Ein sparsamer Tischlermeister besah sich ein rechteckiges Brett aus Nußbaumholz mit 2 rechteckigen Vorsprüngen. Als er das Brett ausmaß, errechnete er, daß es ohne Abfall für ein Schachbrett mit 64 Feldern reichen müßte.

Er zog Linien für 64 gleich große Felder, wobei auf jeden Vorsprung zwei Felder entfielen, und zersägte das Brett in nur 2 Teile, die in Form und Größe gleich waren. Die einzelnen Teile fügte er zu einem Schachbrett zusammen.

Suchen Sie des Tischlermeisters Schnittlinie!

### 62. Überraschendes Rechenphänomen

Ference Pataki, das ungarische Rechenphänomen, das in Sekundenschnelle die Multiplikation zweier dreistelliger Zahlen im Kopf ausführt, stellte 1979 im Fernsehen folgende Aufgabe: „Multiplizieren Sie die Zahl Ihrer Schuhgröße mit 2, addieren Sie zu diesem Produkt 39, multiplizieren Sie die so erhaltene Summe mit 50, addieren Sie zu diesem Produkt 29, subtrahieren Sie von dieser Summe nunmehr die Zahl Ihres Geburtsjahres." Zur Überraschung aller Mitspieler war das Ergebnis eine vierstellige Zahl: Die Zahl aus ihren ersten beiden Ziffern lieferte die Schuhgröße, die Zahl aus den beiden letzten Ziffern das Alter der Mitspieler am Ende des Kalenderjahres.

Finden Sie die allgemeine Lösung zu diesem Problem!

### 63. Schwarzweißer Gleichklang

Nehmen Sie 4 weiße und 4 schwarze Damesteine und legen Sie sie in einer Reihe auf den Tisch: abwechselnd weiß, schwarz, weiß, schwarz usw. Links oder rechts davon lassen Sie einen freien Platz in der Breite von 2 Steinen.

Verlegen Sie die Steine in 4 Zügen so, daß alle schwarzen und alle weißen Steine jeweils nebeneinanderliegen! Dabei müssen bei jedem Zug gleichzeitig 2 nebeneinanderliegende Steine verlegt werden, ohne daß der linke und der rechte vertauscht werden. Außer den Plätzen der Steine darf nur der freie Platz genutzt werden.

## 64. Ein knobelfrecher Versandleiter

Stellen Sie sich vor, Sie haben bei einer Firma elektronische Bauteile bestellt. Die Firma schickt Ihnen die Bauteile mit der Aufforderung, den Geldbetrag auf das Firmenkonto zu überweisen. Der Versandleiter kennt Ihre Vorliebe für Knobeleien und verschlüsselt deshalb den Geldbetrag auf eine Weise, die Ihnen obendrein anzeigt, daß die von Ihnen zum Kauf der Bauteile vorab überwiesene Geldsumme nicht ausgereicht hat.

Sein Text:

$$\begin{array}{r} SEND \\ + \ MORE \\ \hline MONEY \end{array}$$

Das Resultat dieser Aufgabe gibt den Geldbetrag in Pfennigen an, den die Bauteile kosten. Dabei bedeuten verschiedene Buchstaben verschiedene Ziffern.

## 65. Spielentscheidung

Zwei Spieler A und B spielen miteinander folgendes Spiel. Von einem Haufen mit genau 150 Streichhölzern müssen beide jeweils nacheinander Streichhölzer entnehmen, und zwar jeweils mindestens 1 Streichholz, aber höchstens 10 Streichhölzer. Sieger ist derjenige, der das letzte Streichholz fortnehmen kann. Man entscheide, wer von beiden seinen Sieg erzwingen kann, und man gebe an, auf welche Weise er mit Sicherheit zum Ziel gelangt!

## 66. Verwirrung um Fachlehrer

In einer Schule werden die Fächer Mathematik, Physik, Chemie, Biologie, Deutsch und Geschichte von den Lehrern Altmann, Brendel und Clausner erteilt. Jeder der Lehrer unterrichtet genau 2 Fächer. Der Chemielehrer wohnt in demselben Haus wie der Mathematiklehrer. Herr Altmann ist von den 3 Lehrern der jüngste. Der Mathematiklehrer und Herr Clausner spielen häufig Schach miteinander. Der Physiklehrer ist älter als der Biologielehrer, aber jünger als Herr Brendel. Der älteste der 3 Lehrer hat einen längeren Heimweg als seine beiden Kollegen.
Welche Lehrer unterrichten welche Fächer?

### 67. Jägerlatein?

Ein Jäger erzählte, daß er auf einer Expedition eines Tages von seinem Lager aus zuerst 3 km genau nach Süden gegangen sei. Dann habe er sich um 90° nach rechts gewendet und sei 3 km nach Westen gegangen. Dort habe er einen Bären erlegt. Von diesem Punkt aus sei er mit seiner Beute 3 km nordwärts gewandert und wieder im Lager angelangt.

Als er seinen Bericht beendet hatte, forderte er seine Zuhörer auf, aus seiner Schilderung die Farbe des Fells des erlegten Bären zu bestimmen.

War das möglich?

### 68. Farbenkarambolage

Einem Elektriker steht zum Verlegen elektrischer Leitungen isolierter Kupferdraht in den Farben Grün, Blau, Weiß, Rot, Schwarz, Gelb, Grau und Braun zur Verfügung. Durch verschiedene Farbkombinationen kann er die einzelnen Leitungen, zu denen jeweils 2 Drähte gehören, kennzeichnen.

Wieviel verschiedene Leitungen kann er unter Benutzung der 8 Farben zusammenstellen? (Doppelmarkierungen wie Grün/Grün usw. sind nicht möglich.)

> Ein Mathematiker, der nicht
> irgendwie ein Dichter ist,
> wird nie ein vollkommener
> Mathematiker sein.
>
> *Karl Weierstraß*

### 69. Knifflige Damesteine

Legen Sie 6 Damesteine in eine Reihe, und zwar abwechselnd einen weißen und einen schwarzen. Rechts oder links lassen Sie einen freien Platz, der für 4 Steine ausreicht.

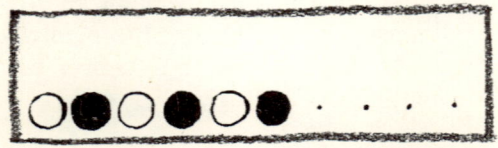

Die Steine sollen so verschoben werden, daß alle weißen rechts und alle schwarzen links danebenliegen. Dabei soll man auf einen freien Platz immer gleichzeitig 2 nebeneinanderliegende Steine verschieben, ohne ihre Reihenfolge zu ändern. Zur Lösung genügen 3 Züge.

### 70. Die tolle „2"

Um alle ganzen Zahlen von 1 bis 26 ausdrücken zu können, genügen die 10 Ziffern 0, 1, 2, ...9. Aber sie sind nicht einmal nötig. Wenn man will, kann man alle Ziffern mit Ausnahme der 2 entbehren, und man kann sogar fordern, daß man sie genau fünfmal zur Bildung jeder Zahl verwendet und nur die 4 arithmetischen Grundrechenarten einschließlich der Erhebung ins Quadrat und Klammern benutzt. Beschäftigen Sie sich in einer ruhigen Stunde mit dieser Gehirngymnastik!
Hier sind als Beispiele die ersten 10 Zahlen:

$$1 = 2 + 2 - 2 - \frac{2}{2},$$

$$2 = 2 + 2 + 2 - 2 - 2,$$

$$3 = 2 + 2 - 2 + \frac{2}{2},$$

$$4 = 2 \cdot 2 \cdot 2 - 2 - 2,$$

$$5 = 2 + 2 + 2 - \frac{2}{2},$$

$$6 = 2 + 2 + 2 + 2 - 2,$$

$$7 = 22 : 2 - 2 - 2,$$

$$8 = 2 \cdot 2 \cdot 2 + 2 - 2,$$

$$9 = 2 \cdot 2 \cdot 2 + \frac{2}{2},$$

$$10 = 2 + 2 + 2 + 2 + 2.$$

Nach dem angeführten Muster bilden Sie auch die folgenden 16 Zahlen (von 11 bis 26).
Die Zahl 27 durch 5 Zweien unter diesen Bedingungen zu bilden gelingt jedoch nicht. Es sei noch einmal daran erinnert, daß zur Bildung jeder Zahl genau 5 Zweien verwendet werden müssen.

### 71. Die tolle „4"

Bilden Sie analog zu der vorangegangenen Aufgabe mit Hilfe der 4 unter der Bedingung, sie unbedingt viermal zu verwenden, alle ganzen Zahlen von 1 bis 10!

## 72. Zwei Gleitboote

Auf einem See fahren 2 Gleitboote hin und her, ohne einmal anzulegen. Die Geschwindigkeit eines jeden Bootes ist während der ganzen Fahrt gleich. Wir nehmen an, daß die Boote gleichzeitig starten:

Das Boot M legt vom Ufer A ab, das Boot N vom Ufer B. Das erste Mal begegnen sie sich in 500 m Entfernung vom Ufer A. Nachdem sie am jeweils gegenüberliegenden Ufer gewendet haben, begegnen sie sich zum zweiten Mal in 300 m Entfernung vom Ufer B. Sie haben jetzt genug Angaben, um die Länge des Sees und das Verhältnis der Geschwindigkeiten der Gleitboote zu ermitteln.

## 73. Arena der Kunstradfahrer

4 Kunstradfahrer arbeiten ihre gemeinsame Zirkusnummer aus: Als Arena dient ihnen ein großer kreisrunder Platz mit 4 kreisrunden Bahnen. Jeder Fahrer fährt auf einem Kreis (s. Abb.). Sie beginnen ihre Vorführungen gleichzeitig; jeder Kunstradfahrer startet an dem Punkt seiner Bahn, der dem Zentrum der Arena am nächsten liegt. Die Geschwindigkeit eines jeden ist mathematisch genau und nach vereinbarten Streckeneinheiten berechnet. Sie kann durch folgende Zahlen als Streckeneinheiten je Stunde ausgedrückt werden:

$V_1 = 6,$

$V_2 = 9,$

$V_3 = 12,$

$V_4 = 15.$

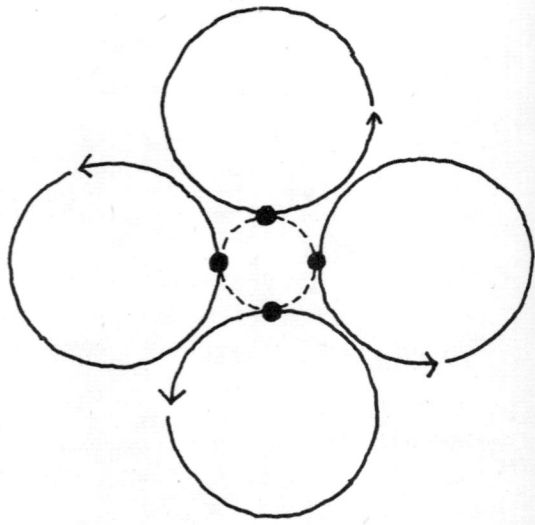

Der Umfang eines jeden Kreises beträgt ein Drittel einer Streckeneinheit. Die Kunstradfahrer führen ihre Nummer 20 Minuten lang vor.

Was meinen Sie, wie oft im Verlauf dieser 20 Minuten die Kunstradfahrer wieder gleichzeitig an jenen Punkten sein werden, von denen aus sie die Fahrt begannen?

2 Tapezierer mit Namen A und B weißen die Decke eines Raums, der ungewöhnlich hoch ist. Da sie nur eine Leiter zur Verfügung haben, erdachten sie die abgebildete Methode, die ihnen ein gleichzeitiges Arbeiten erlaubt, denn A und B haben die gleiche Körpermasse und in ihren Eimern die gleiche Farbmenge. Plötzlich wird B zum Telefon gerufen.

Wie lösen die beiden das Problem, ohne daß A die Arbeit unterbrechen muß?

Ein Glück, daß die Tapezierer einen Stielbesen zur Hand hatten!

## 56. Merkwürdiger Gleichschritt?

Bei der angegebenen Begründung wurden die von Achilles und der Schildkröte zurückgelegten Wege abwechselnd und nacheinander betrachtet. Das ist aber unzulässig, weil völlig außer acht gelassen worden ist, daß beide Bewegungen gleichzeitig ablaufen. Selbstverständlich muß Achilles die Schildkröte einholen können, denn er bewegt sich wesentlich schneller als sie. Vom Zeitpunkt des Starts bis zum Erreichen der Schildkröte durch Achilles haben sich beide die gleiche Zeit t bewegt. Bedeuten $v_A$ und $v_K$ die Beträge der Geschwindigkeiten von Achilles und der Schildkröte und s die Entfernung, die die Schildkröte zurückgelegt hat, bis sie von Achilles eingeholt wurde, so gilt

$$v_A = \frac{s_0 + s}{t},$$

$v_K = \frac{s}{t}$, und aus diesen beiden Gleichungen folgt

$s = \frac{s_0 \cdot v_K}{v_A - v_K}$. Mittels dieser Beziehung kann sofort der Weg s der Schildkröte berechnet werden, wenn $s_0$, $v_A$ und $v_K$ gegeben sind.

Auch die Betrachtungsweise, die den Trugschluß hervorbringt, führt zur Lösung des Problems, wenn man den Trugschluß durch geeignete mathematische Methoden beseitigt. Achilles möge den Weg $s_0$ in der Zeit $t_0$ zurücklegen.

Dann gilt $t_0 = \frac{s_0}{v_A}$.

Während dieser Zeit $t_0$ durchläuft die Schildkröte die Entfernung

$s_1 = v_K \cdot t_0 = \frac{v_K}{v_A} \cdot s_0$.

Für den Weg $s_1$ braucht Achilles die Zeit

$t_1 = \dfrac{s_1}{v_A} = \dfrac{v_K}{v_A{}^2} \cdot s_o$, und die Schildkröte ist während dieser Zeit um

$s_2 = v_K t_1 = \left(\dfrac{v_K}{v_A}\right)^2 \cdot s_o$ weitergelaufen. Dadurch ergeben sich die wei-

teren Wegabschnitte $s_3 = \left(\dfrac{v_K}{v_A}\right)^3 \cdot s_o$, $s_4 = \left(\dfrac{v_K}{v_A}\right)^4 \cdot s_o$, $\ldots s_n = \left(\dfrac{v_K}{v_A}\right)^n s_o$.

Setzt man $\dfrac{v_K}{v_A} = q$, so hat Achilles nach der Zeit

$t_o + t_1 + t_2 + \ldots + t_n$ den Weg

$s_o + s_1 + \ldots + s_n = s_o + s_o q + s_o q^2 + \ldots + s_o q^n$

$= s_o (q + q^2 + \ldots + q^n) = s_o \sum\limits_{k=1}^{k=n} q^k$

zurückgelegt. $\sum\limits_{k=1}^{k=n} q^k$ ist eine geometrische Reihe, und es gilt

$$\sum\limits_{k=1}^{k=n} q^k = \frac{q - q^{n+1}}{1 - q} = \frac{q}{1 - q} - \frac{q^{n+1}}{1 - q},$$

wie man durch Multiplikation leicht feststellen kann. Folglich wird

$$s_o + s_1 + \ldots + s_n = \frac{s_o \cdot q}{1 - q} - \frac{s_o q^{n+1}}{1 - q}.$$

Weil bei der angegebenen Betrachtungsweise Achilles unendlich viele Teilentfernungen zurückzulegen hätte, muß n gegen unendlich streben. Dabei geht $q^{n+1}$ gegen Null, weil $q < 1$ ist, und man erhält:

$$s_o + s_1 + \ldots = s_o \cdot \sum\limits_{k=1}^{\infty} q^k = \frac{s_o \cdot q}{1 - q}$$

$$= \frac{s_o \cdot \dfrac{v_k}{v_A}}{1 - \dfrac{v_k}{v_A}} = \frac{s_o \cdot v_K}{v_A - v_K}.$$

Das ist der Weg, den Achilles zurücklegen muß, um die Schildkröte einzuholen. Um den Trugschluß zu beseitigen, muß man demnach den Grenzwert einer konvergenten geometrischen Reihe bilden.

## 57. Meisterliches Denken
Der Meister zerschneidet jeden Würfel in 8 Würfel. Der Gesamtinhalt der Oberflächen eines Würfels verringert sich auf ein Viertel, aber die Anzahl der Würfel wird verachtfacht. Folglich verdoppelt sich der Gesamtinhalt der Oberflächen aller Würfel.

## 58. Verschlüsselte Mathematiker

Falls eine Lösung möglich ist, müssen alle 10 verschiedenen Ziffern benutzt werden, denn es treten 10 verschiedene Buchstaben auf.

Zunächst ist sofort klar, daß E = 1 sein muß. Am zweckmäßigsten ist es, wenn danach S bestimmt wird, denn dann sind sofort 3 Stellen mit Ziffern besetzt.

S = 0, S = 1 und S = 9 müssen von vornherein ausscheiden, weil sich dafür die widersprüchlichen Beziehungen E = D bzw. S = E bzw. S = I ergäben. Setzt man nacheinander für S die restlichen Ziffern 2, 3, 4, 5, 6, 7 und 8 und führt jeweils für U und A systematisch 2 der anderen Ziffern ein, so erkennt man, daß nur S = 8 sein kann. Daraus erfolgen aber sofort D = 9 und I = 6.

Jetzt werden für U der Reihe nach 0, 2, 3, 4, 5 und 7 eingesetzt. Dabei erkennt man, daß U = 2, U = 3, U = 4, U = 5 und U = 7 zu keiner Lösung führen, lediglich U = 0. Damit folgt L = 2.

Wählt man nachher A = 3, A = 4 und A = 5, so ergeben sich in den 3 Fällen Widersprüche. Es bleibt nur A = 7, und daraus folgt K = 3.

Die restlichen Ziffern 4 und 5 können nur für G und R beliebig gewählt werden. Die Entschlüsselung der Aufgabe ist also möglich. Es existieren die beiden Lösungen:

$$\begin{array}{r} 47\,088 \\ +\ \ 56\,181 \\ \hline 103\,269 \end{array} \quad \text{und} \quad \begin{array}{r} 57\,088 \\ +\ \ 46\,181 \\ \hline 103\,269 \end{array}$$

## 59. Einfach zählen

Die Figur enthält 35 Dreiecke.

Und nun zählen Sie aus, wieviel Vierecke in der Figur der Abbildung auf S. 69 enthalten sind!

## 60. Vertrackte Leinwand

Man nimmt zunächst ein beliebiges Rechteck mit ganzzahligen Maßen für die Seiten und zerlegt es in einzelne Quadrate.

Betrachten wir jetzt den „Rand" in der Breite eines quadratischen Feldes längs der Seiten des Rechtecks. Der Rand ist schraffiert.

Die Fläche des Randes ist bereits ein Teil der Fläche des Rechtecks. Aber die Anzahl der einzelnen Quadrate des Randes ist immer um 4 kleiner als die Zahl, die den Umfang des Rechtecks ausdrückt. Der Umfang ist 4 + 7 + 4 + 7 = 22 Einheiten; die Anzahl der Felder des Randes beträgt nur 18 Einheiten. Folglich muß das übrige „Mittelstück" des Rechtecks (der nichtschraffierte Teil in Abb. a) unbedingt 4 Quadrateinheiten umfassen.

Das Mittelstück des gesuchten Rechtecks ist ebenfalls ein Rechteck. 4 einzelne Quadrate kann man nur auf zweierlei Weise zu einem Rechteck zusammenstellen (die nichtschraffierten Teile in den Abb. b und c). Wenn wir sie mit einem Rahmen umgeben, erhalten wir 2 Lösungen:

1. ein Quadrat 4 · 4,
2. ein Rechteck 6 · 3.

Die algebraische Lösung der Aufgabe führt zu einer sogenannten diophantischen Gleichung mit 2 Unbekannten. Die Maße des gesuchten Rechtecks sollen x und y sein. Dann ist sein Umfang $2(x + y)$ und seine Fläche $xy$.

Nach der Bedingung der Aufgabe ist $2(x + y) = xy$.

Im Bereich der natürlichen Zahlen hat diese Gleichung nur 3 Lösungen:

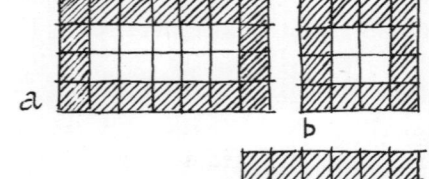

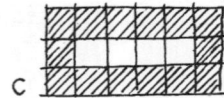

$x = 4, \qquad y = 4,$
$x = 6, \qquad y = 3,$
$x = 3, \qquad y = 6.$

Im geometrischen Sinne sind die beiden letzten Lösungen identisch.

### 61. Erfinderischer Tischlermeister
Die Schnittlinie ist in der Abbildung angegeben.

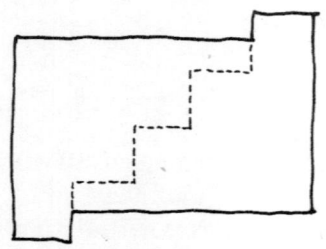

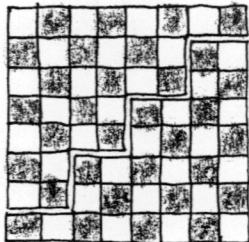

### 62. Überraschendes Rechenphänomen
Für beliebige natürliche Zahlen a, b aus der zulässigen Menge (Schuhgrößen, Alter) gilt:

78 $[(2a + 39) \cdot 50 + 29] - (1979 - b) = 100a + b.$

## 63. Schwarzweißer Gleichklang
Die Lösung ist in der
Abbildung dargestellt.

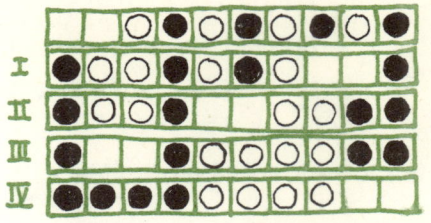

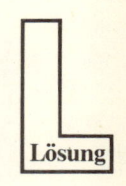

Nach dem vierten Zug liegen die vier schwarzen und die vier weißen Steine nebeneinander. Aus dieser Aufstellung kann man auch umgekehrt in 4 Zügen zur Anfangsstellung gelangen. Lösen Sie doch diese umgekehrte, für einen trainierten Knobler nicht mehr schwere Aufgabe!

## 64. Ein knobelfrecher Versandleiter
Weil im vorliegenden Fall die Summe aus 2 vierstelligen Zahlen eine fünfstellige ergibt, kann nur $M = 1$ sein. Im Falle $S < 8$ kann kein fünfstelliges Resultat entstehen, woraus $S = 8$ oder $S = 9$ folgt. Dann kommen aber für O nur die Ziffern Eins oder Null in Frage. Wäre $O = 1$, so hätten 2 verschiedene Buchstaben dieselbe Bedeutung, was der Voraussetzung widerspricht. Demnach kann nur $O = $ Null sein. $O = $ Null schließt aber $S = 8$ aus, denn es kann maximal $E = 9$ sein, und dann könnte entweder kein fünfstelliges Resultat entstehen, oder es wäre entgegen der Voraussetzung auch $N = 0$. Also ist $S = 9$. Aus der dritten Spalte (von links gerechnet) folgt weiter $N = E + 1$, denn sonst müßte entgegen der Voraussetzung $N = E$ sein. Für $D + E = Y \leqq 9$ wäre $N + R = 10 + E$, und weil $N = E + 1$ ist, würde man $R = 9$ erhalten, was der Voraussetzung widerspricht. Also muß $D + E > 11$ (für $D + E = 10$ wäre $Y = 0$, und für $D + E = 11$ wäre $Y = 1$; das widerspricht der Voraussetzung) und damit $N + R + 1 = 10 + E$ sein, was in Verbindung mit $N = E + 1$ die Beziehung $R = 8$ ergibt.
Aus $D + E > 11$ wird E erschlossen. Für $E = 2$ müßte $D \geqq 10$ sein. Das aber ist unmöglich. Für $E = 3$ müßte $D = 9$ sein, aber es ist bereits $S = 9$. Für $E = 4$ müßte $D = 8$ sein, aber es ist bereits $R = 8$. Für $E = 5$ muß $D = 7$ sein. Damit wird $N = E + 1 = 6$ und $Y = 2$. Das ist möglich, denn dann ist auch $N + R + 1 = 10 + E$ erfüllt. $E = 6$ ergäbe $D = 6$ oder $D = 7$ und damit $N = E + 1 = 7$, aber das widerspricht der Voraussetzung. $E = 7$ muß wegen $N = E + 1 = 8$ ebenfalls ausscheiden.

**79**

Das Ergebnis lautet schließlich, angegeben in Pfenningen:

$$\begin{array}{r} 9\,567 \\ +\quad 1\,085 \\ \hline 10\,652. \end{array}$$

## 65. Spielentscheidung

Der Sieg kann in einem Spiel genau dann erzwungen werden, wenn es eine Spielweise (Strategie) gibt, die unter allen Umständen zum Siege führt. Das ist bei dem vorliegenden Spiel der Fall. Gelingt es nämlich einem Spieler, etwa dem Spieler A, so viele Hölzchen zu entnehmen, daß der Gegenspieler B eine durch 11 teilbare Anzahl Streichhölzer vorfindet, dann kann A die von B entnommene Anzahl (1 bis 10 Hölzchen) jeweils zu 11 ergänzen, indem er seinerseits eine entsprechende Anzahl entnimmt, was nach den Spielregeln immer möglich ist. Auf diese Weise findet B stets, wenn er am Zuge ist, eine durch 11 teilbare Anzahl, nach einiger Zeit schließlich 11 Hölzchen vor, von denen er mindestens 1 Hölzchen nehmen muß, aber höchstens 10 Hölzchen nehmen darf. Daher bleibt zuletzt für A ein Rest von 1 bis 10 Hölzchen, den er in jedem Falle vollständig fortnehmen kann. Im vorliegenden Fall (Spielbeginn mit 150 Hölzchen) ergibt sich daraus: A kann stets den Sieg erzwingen, nämlich indem er beim 1. Mal durch Wegnahme von genau 7 Hölzchen die durch 11 teilbare Anzahl 143 herstellt und dann die Strategie einhält. B kann den Sieg also nicht erzwingen; er kann es genau dann, wenn A wenigstens einmal nicht die Strategie einhält.

## 66. Verwirrung um Fachlehrer

1. Ch-Lehrer und Ma-Lehrer in einem Haus → Ch $\neq$ Ma,
2. A. jünger als B. und C.          → A. < B., C.,
3. Ma-Lehrer und C. spielen Schach   → Ma $\neq$ C.,
4. B. älter als Ph, älter als Bio    → B. > Ph > Bio,
5. ältester Lehrer längsten Weg      → älteste $\neq$ Ch, Ma.

Aus 3.: Ma-Lehrer nicht C.;

aus 2. und 4.: Ph-Lehrer nicht A.;

aus 4. und 5.: B. nicht Ch- und Ma-Lehrer, da ältester → A. muß Ma-Lehrer sein → A. kein Ch-Lehrer;

aus 2. und 4.: A. ist jüngster, also Bio-Lehrer;

aus 2. und 4.: A. < C. < B. → C. ist Ph-Lehrer;

Da B. ältester und kein Ch-, Ma-Lehrer folgt: B. ist Deu-, Ge-Lehrer → C. ist Ch-Lehrer.

### 67. Jägerlatein?

Da sich der Jäger, nachdem er den Bären erlegt hatte, nordwärts wandte und dadurch wieder zum Ausgangsort seiner Wanderung zurückkam, muß er sich auf der Peripherie eines sphärischen Dreiecks (Kugeldreiecks) bewegt haben. Die Bewegungen nach Süden, dann nach Westen, dann nach Norden bedeuten, daß er zuerst auf einem Längenkreis, dann auf einem Breitenkreis, schließlich wieder auf einem Längenkreis gelaufen ist und daß die beiden Basiswinkel des sphärischen Dreiecks rechte Winkel sind.

Ein solches sphärisches Dreieck ist aber nur am Nordpol möglich. Der erlegte Bär kann deshalb nur ein Eisbär gewesen sein, und dieser hat ein weißes Fell.

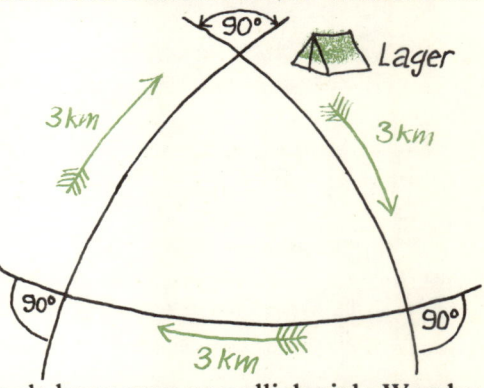

Auch in der Nähe des Südpols kann man unendlich viele Wanderrouten konstruieren, für die die genannten geographischen Bedingungen zutreffen. Dazu betrachtet man zwei Breitenkreise $K_1$ und $K_2$ um den Südpol. Der Kreis $K_1$ hat einen Umfang von 3 km und den

Radius $r_1 \approx \dfrac{3}{2\pi}$ km $\approx 0{,}48$ km.

$K_2$ hat den Radius $r_2 \approx \dfrac{3}{2\pi}$ km $+ 3$ km.

Geht man von einem beliebigen Punkt P des Kreises $K_2$ genau 3 km nach Süden, so gelangt man zu einem Punkt Q auf dem Kreis $K_1$. Geht man dann 3 km westwärts, so durchläuft man die gesamte Peripherie von $K_1$ und gelangt wieder zum Punkt P zurück.

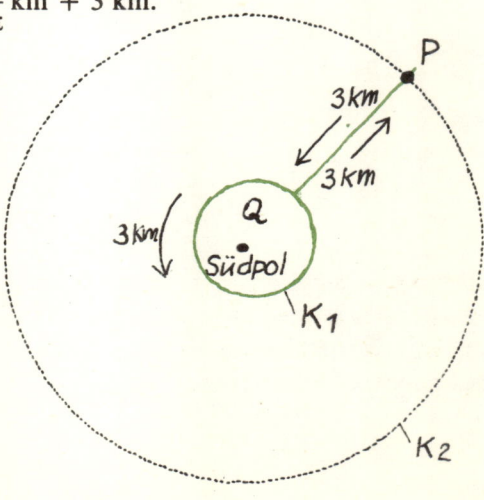

81

Jeder Punkt P der Kreise $K_2$ erfüllt die gegebenen Bedingungen. Weil es aber in der Antarktis keine Bären gibt, kommt für die Beantwortung der Frage des Jägers nur die erste Lösung in Betracht.

### 68. Farbenkarambolage

grü–bl, grü–we, grü–ro, . . ., grü–br,
  bl–we, bl–ro, . . ., bl–br,
    we–ro, . . ., we–br,
      . . .
      . . . gr–br.

Für die Anzahl x gilt demnach:
$$x = 7 + 6 + 5 + 4 + 3 + 2 + 1,$$
$$x = 28.$$
Der Elektriker kann 28 verschiedene Farbkombinationen zusammenstellen.

### 69. Knifflige Damesteine

Numerieren Sie die Damesteine von links nach rechts, wie aus der Abbildung ersichtlich ist. Wenn der freie Platz rechts bleibt, dann verlegen Sie die Steine Nr. 4 und 5 nach rechts und setzen Sie sie an das Ende der Reihe, so daß der Stein Nr. 4 neben dem Stein Nr. 6 liegt (s. Umstellung A in der Abbildung). Auf den frei gewordenen Platz legen Sie die Steine Nr. 1 und 2 (Umstellung B). Jetzt verschieben Sie die Steine Nr. 3 und 1 nach rechts neben den Stein Nr. 5 (Umstellung C).

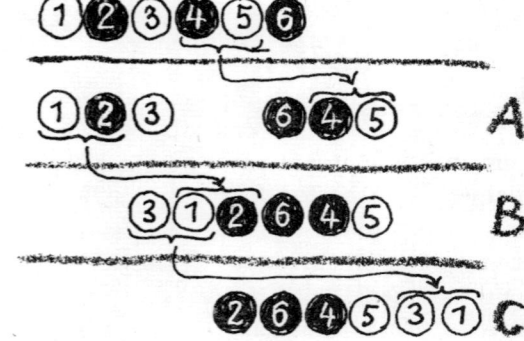

Führen Sie die Lösung in umgekehrter Reihenfolge aus. Kehren Sie von der letzten Anordnung der Steine, ebenfalls in 3 Zügen, zur Anfangsstellung zurück.

Das ist jetzt nicht schwer!

**70. Die tolle „2"**

$11 = 22:2 + 2 - 2,$

$12 = 2 \cdot 2 \cdot 2 + 2 + 2,$

$13 = (22 + 2 + 2):2,$

$14 = 2 \cdot 2 \cdot 2 \cdot 2 - 2,$

$15 = 22:2 + 2 + 2,$

$16 = (2 \cdot 2 + 2 + 2) \cdot 2,$

$17 = (2 \cdot 2)^2 + \dfrac{2}{2},$

$18 = 2 \cdot 2 \cdot 2 \cdot 2 + 2,$

$19 = 22 - 2 - \dfrac{2}{2},$

$20 = 22 + 2 - 2 - 2,$

$21 = 22 - 2 + \dfrac{2}{2},$

$22 = 22 \cdot 2 - 22,$

$23 = 22 + 2 - \dfrac{2}{2},$

$24 = 22 - 2 + 2 + 2,$

$25 = 22 + 2 + \dfrac{2}{2},$

$26 = 2 \cdot \left(\dfrac{22}{2} + 2\right).$

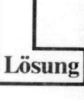

Lösung

**71. Die tolle „4"**

$1 = (4:4) \cdot (4:4),$

$2 = (4:4) + (4:4),$

$3 = (4 + 4 + 4):4,$

$4 = 4 + (4 - 4) \cdot 4,$

$5 = (4 \cdot 4 + 4):4,$

$6 = 4 + (4 + 4):4,$

$7 = 4 + 4 - 4:4,$

$8 = 4 + 4 + 4 - 4,$

$9 = 4 + 4 + 4:4,$

$10 = (44 - 4):4.$

**72. Gleitboote**

Das Gleitboot M, das vom Ufer A aus abfährt, begegnet dem Gleitboot N, nachdem es 500 m zurückgelegt hat. Zusammen haben die Boote eine Strecke zurückgelegt, die gleich der Länge des Sees ist.

Bei der Weiterfahrt erreicht das Gleitboot M das Ufer B und begegnet auf dem Rückweg wiederum dem Gleitboot N in einem Abstand von 300 m vom Ufer B. In diesem Augenblick haben beide Gleitboote zusammen eine Strecke von der dreifachen Länge des Sees zurückgelegt. Hieraus folgt, daß vom Beginn der Fahrt der Gleitboote an bis zu ihrer zweiten Begegnung dreimal soviel Zeit vergangen ist wie vom Beginn ihrer Fahrt bis zur ersten Begegnung.

Da aber das Boot M im Augenblick der ersten Begegnung 500 m zurückgelegt hat, hat es bis zum Augenblick der zweiten Begegnung folglich $500 \cdot 3 = 1500$ m zurückgelegt. (Bei gleichbleibender Geschwindigkeit ist der zurückgelegte Weg proportional der Zeit.) Die Länge des Sees ist um 300 m kürzer als der Weg, den das Boot M vom Beginn der Fahrt bis zur zweiten Begegnung zurückgelegt hat, d. h., sie beträgt $1500 - 300 = 1200$ m.

Vom Beginn der Fahrt der beiden Boote M und N bis zu ihrer ersten Begegnung ist die gleiche Zeit abgelaufen. Folglich ist das Verhältnis ihrer Geschwindigkeiten gleich dem Verhältnis der von beiden Booten in dieser Zeit zurückgelegten Strecken, d. h.,

$$\frac{v_1}{v_2} = \frac{500}{1200 - 500} = \frac{5}{7}.$$

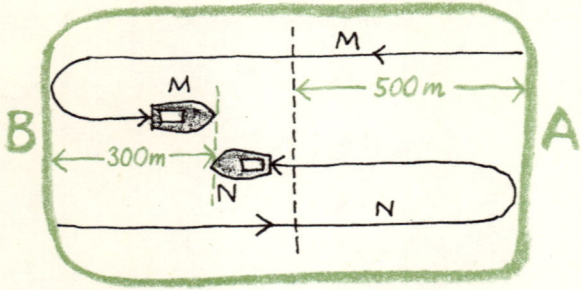

### 73. Arena der Kunstradfahrer

Da man die Geschwindigkeit der Kunstradfahrer kennt, kann man folgern, daß sie eine Streckeneinheit in $\frac{1}{6}, \frac{1}{9}, \frac{1}{12}$ und $\frac{1}{15}$ Stunde zurücklegen. Für eine Runde braucht jeder aber nur $\frac{1}{3}$ der angegebenen Zeit, d. h. $\frac{1}{18}, \frac{1}{27}, \frac{1}{36}$ und $\frac{1}{45}$ Stunde. (Der Umfang eines jeden Kreises beträgt $\frac{1}{3}$ Streckeneinheit.) In einer Stunde legen die Fahrer 18, 27, 36 und 45 volle Umläufe zurück und nach 20 Minuten 6, 9, 12 und 15 Umläufe. Alle Zahlen sind ganze, folglich treffen die Kunstradfahrer nach 20 Minuten an den Ausgangspunkten zusammen.

Grundsätzlich können die Fahrer an den Ausgangspunkten nur zusammentreffen, wenn sie eine ganze Anzahl von Umläufen (wenn auch nicht gleich viele) zurückgelegt haben. Die größtmögliche Zahl solcher Ereignisse im Laufe von 20 Minuten wird folglich durch den größten gemeinsamen Teiler der Zahlen 6, 9, 12 und 15 bestimmt. Dieser ist 3. Folglich werden die Radfahrer im Verlauf von 20 Minuten dreimal gleichzeitig die Ausgangspunkte passieren, nämlich alle $6\frac{2}{3}$ Minuten $\left(20:3 = 6\frac{2}{3}\right)$.

# Magier und Pharaonen

oder
## Wie die Zahl ein Universum regiert

## 74. Liebten die Pharaonen Zauberzahlen?

Es scheint so, denn Gelehrte entdeckten auf der Steinplatte eines Grabmahls in einer ägyptischen Pyramide die Zahl 2520. Wir wissen von dieser Zahl, daß sie ohne Rest ausnahmslos durch alle ganzen Zahlen von 1 bis 10 teilbar ist. Ist dies vielleicht der Grund für die außergewöhnliche Aufmerksamkeit, die ihr die Pharaonen entgegenbrachten? Es gibt allerdings keine Zahl mit den genannten Eigenschaften, die kleiner als 2520 ist.

Überzeugen Sie sich davon, daß diese Zahl das kleinste gemeinsame Vielfache der ersten 10 ganzen Zahlen ist.

## 75. Gleichung gesucht

Suchen Sie für x und y natürliche Zahlen, die folgende Gleichung erfüllen:

$$\frac{1}{x} + \frac{1}{y} + \frac{1}{xy} = 1.$$

## 76. Lösungsmenge?

Ermitteln Sie die Lösungsmenge der nachstehenden Gleichung:
$(x^2 + x + 1) \cdot (2x^2 + 2x - 3) = -3(1 - x - x^2)$.

## 77. Zauberworte?

Abrakadabra ist ein Zauberwort, das in vergangenen Zeiten in Amulette eingraviert wurde, um deren Träger vor Krankheit und Unglück zu bewahren. Ob wir nun dieses Wort oder das Wort Mathematik, anders gegliedert, verwenden — die Frage soll die gleiche sein:

```
          A                              M
         B B B                          A A
        R R R R                        T T T
       A A A A A A A                   H H H H
      K K K K K K K K                 E E E E E
     A A A A A A A A A A              M M M M M M
      D D D D D D D D D              A A A A A A A
       A A A A A A A               T T T T T T T T
        B B B B B               I I I I I I I I I
         R R R               K K K K K K K K K K
          A
```

86  Auf wieviel Arten läßt sich jedes der beiden Wörter lesen?

### 78. Das „Ornament"

Sie haben ein eigenartiges Ornament vor sich, das aus 16 kleinen Dreiecken besteht. Einige Gruppen aus 4 benachbarten kleinen Dreiecken bilden große Dreiecke. In der Abbildung des Ornaments lassen sich unschwer 6 große Dreiecke erkennen, die miteinander „verflochten" sind.

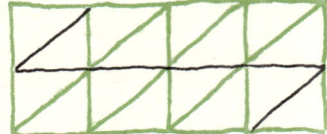

Tragen Sie in jedes kleine Dreieck des Ornaments eine der ganzen Zahlen von 1 bis 16 (ohne sie zu wiederholen) in der Weise ein, daß die Summe der Zahlen in jedem beliebigen der 6 großen Dreiecke 34 beträgt!

### 79. Verschiedene „Mittel"

Gesucht sind 2 verschiedene natürliche Zahlen, die folgenden Bedingungen genügen:
1. Das geometrische Mittel aus diesen Zahlen ist um 4 größer als die kleinere der beiden Zahlen.
2. Das arithmetische Mittel aus diesen Zahlen ist um 6 kleiner als die größere der beiden Zahlen.

### 80. Der „Kristall"

In der Abbildung wird ein Teil eines Phantasie„kristallgitters" gezeigt, dessen „Atome" durch 10 Ketten zu je 3 „Atomen" verbunden sein sollen. (Die Verbindungen der „Atome" in Ketten sind durch Linien dargestellt.)

Wählen Sie 13 ganze Zahlen aus, unter denen 11 verschieden und 2 gleich sind und setzen Sie sie in die „Atome" so ein, daß die Summe der Zahlen in jeder Kette (an den in der Abbildung angegebenen Linien) gleich 20 ist.

Die kleinste der auszuwählenden Zahlen soll gleich 1 und die größte gleich 15 sein.

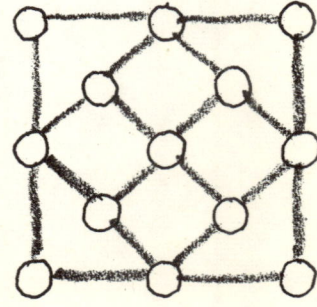

87

## 81. Das „Sternchen"

Schneiden Sie 12 Spielmarken aus und beschriften Sie diese mit den Zahlen 1 bis 12. Nun legen Sie die Spielmarken so in die Kreise des sechszackigen Sternchens, daß die Summe der Zahlen in den 4 Feldern eines jeden der 6 Strahlen gleich 26 ist.

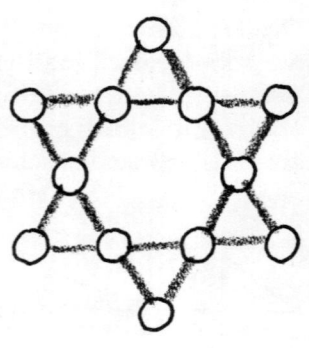

## 82. Die symmetrische Summe — eine bisher noch nicht geknackte Nuß

Schreiben Sie irgendeine beliebige positive ganze Zahl mit 2, 3 oder mehr Stellen auf. Addieren Sie dazu die Zahl mit umgekehrter Ziffernfolge. Dasselbe führen Sie mit der erhaltenen Summe durch. Es wird sich zeigen, daß Sie, wenn Sie diese Berechnungen einigemal wiederholt haben, unbedingt eine Zahl erhalten, die sich von links nach rechts genauso lesen läßt wie umgekehrt.

Einige Beispiele:

|  |  |  |
|---|---|---|
| 38 | 139 | 48 017 |
| + 83 | + 931 | + 71 084 |
| 121 | 1 070 | 119 101 |
|  | + 0 701 | + 101 911 |
|  | 1 771 | 221 012 |
|  |  | + 210 122 |
|  |  | 431 134 |

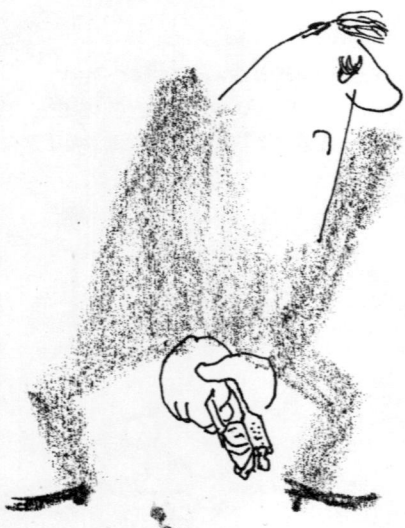

Manchmal muß man eine große Anzahl Additionen bis zu einem symmetrischen Resultat durchführen. Wenn Sie z. B. mit der Zahl 89 beginnen, erhalten Sie das erwartete Resultat nicht so bald. Erst 24 Additionen führen zu dem symmetrischen Resultat 8 813 200 023 188. Überzeugen Sie sich davon!

Gibt es aber auch eine Zahl, die niemals zu einem symmetrischen Resultat führt?

Die Zahl 196 ist beispielsweise tückisch. Nicht einmal 75 Additionen führen zum Ergebnis. Schließlich wird es töricht, die Nachprüfung fortzusetzen, denn die 75. Summe hat schon 36 Ziffern. Man muß durch Überlegungen die vermutete Gesetzmäßigkeit widerlegen oder bestätigen.

**Das Problem**

Der Zwölf-Elf kam auf sein Problem
und sprach: ‚Ich heiße unbequem.
Als hieß ich etwa Drei-Vier
statt Sieben — Gott verzeih mir!'

Und siehe da, der Zwölf-Elf nannt sich
von jenem Tag ab Dreiundzwanzig.
*Christian Morgenstern*

### 83. Das „magische" Zahlendreieck

An die Ecken eines Dreiecks sind die Zahlen 1, 2 und 3 geschrieben. Verteilen Sie nun die Zahlen 4, 5, 6, 7, 8 und 9 so auf die Seiten des Dreiecks, daß die Summe der Zahlen an jeder Seite 17 ergibt. Das ist nicht schwer, weil die Zahlen an den Ecken des Dreiecks bereits angegeben sind.

Bedeutend länger müßten Sie sich abmühen, wenn die Zahlen an den Ecken nicht angegeben wären. Verteilen Sie die Zahlen 1, 2, 3, 4, 5, 6, 7, 8 und 9 so auf die Seiten und Ecken des Dreiecks, daß die Summe der Zahlen an jeder Seite 20 beträgt.
Wenn Ihnen das gelungen ist, dann suchen Sie noch andere Verteilungen! Es gibt noch viele Lösungen.

89

### 84. Übersichtlich!

Es sind alle zweistelligen natürlichen Zahlen zu ermitteln, die gleich dem Dreifachen ihrer Quersumme sind.

### 85. Komische „30"

Die Summe zweier natürlicher Zahlen beträgt 90. Die Summe aus 25% des ersten und 75% des zweiten Summanden beträgt genau 30. Berechnen Sie die beiden Zahlen!

### 86. Vollkommen variabel

Die Variablen a, b, c des Terms

$$\frac{a \cdot (c - b)}{b - a}$$

sollen mit den Zahlen 13, 15 bzw. 20 so belegt werden, daß der Wert des Terms gleich einer positiven ganzen Zahl ist.

### 87. Mal kleiner, mal größer

Es sind alle geordneten Paare (x, y) natürlicher Zahlen anzugeben, für die das Ungleichungssystem

$$x + y < 4, \tag{1}$$
$$2x + 5y > 10 \text{ erfüllt ist.} \tag{2}$$

### 88. Kongruente Teile

Die folgende Figur, auf der 20 natürliche Zahlen verteilt sind, wollen wir in 4 zueinander kongruente Teile zerlegen.

Dabei soll die Summe aus den Zahlen, die sich auf jedem dieser Teile befinden, den Wert 50 haben.

Wie müssen Sie die Figur zerlegen?

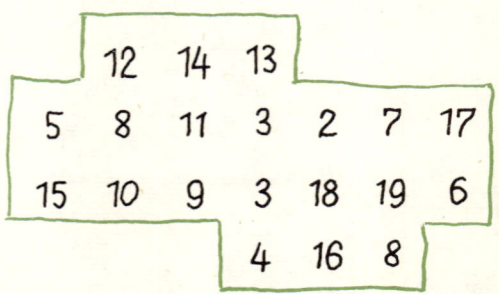

### 89. Wert gesucht

Welchen Wert besitzt der Term $a(a + 2) + c(c - 2) - 2ac$, wenn $a - c = 7$ gilt?

### 90. Verdutzt am Lenkrad

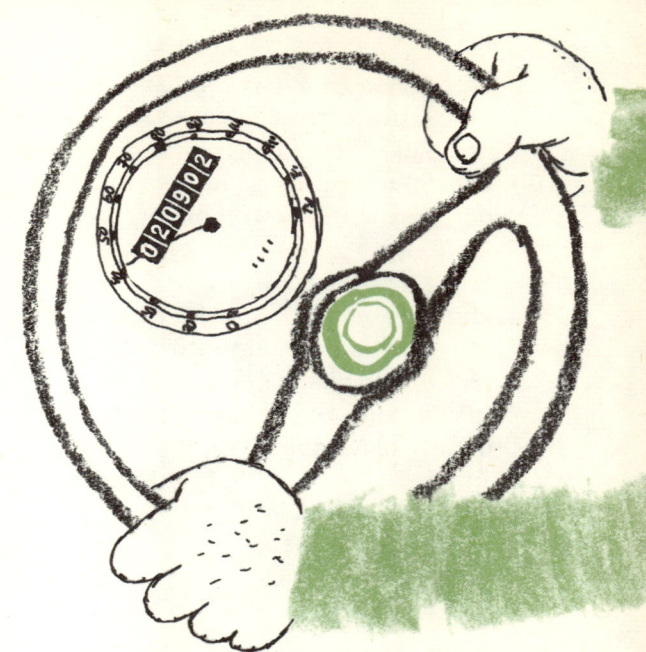

Ein Fernfahrer staunte nicht schlecht, als er auf den Kilometerzähler seines Fahrzeugs sah. Er konnte auf ihm die symmetrische Zahl 20 902 ablesen, d. h. eine Zahl, die man von links nach rechts wie von rechts nach links gleich lesen kann. Das Interesse des Fahrers wurde geweckt, und er dachte: ‚Solch eine Zahl wird wahrscheinlich nicht so bald wieder auf dem Zähler erscheinen.‘

Aber zu seinem Erstaunen zeigte der Kilometerzähler des Lastzugs nach genau 2 Stunden zügiger Fahrt auf der Landstraße wieder eine symmetrische Zahl.

Stellen Sie fest, welche Zahl das war und mit welcher Geschwindigkeit sich das Fahrzeug fortbewegte!

### 91. Alles nur Logik

Gegeben seien die Gleichungen
$7x + 5y - z = 8$ und $y + z = 11$.
Es sind alle geordneten Zahlentripel [x, y, z] natürlicher Zahlen x, y und z zu ermitteln, die beide Gleichungen erfüllen.

### 92. Die Nachbarn von n

Das Produkt aus dem Vorgänger und dem Nachfolger einer natürlichen Zahl n sei 1224.
Ermitteln Sie n!

### 74. Liebten die Pharaonen Zauberzahlen?

Das kleinste gemeinsame Vielfache (k. g. V.) der ersten 10 Zahlen ist 2520. Man bildet das k. g. V., indem man die Zahlen in ihre Primfaktoren zerlegt und das Produkt aus den größten Anzahlen der gleichen Faktoren bildet, die in einer der Zerlegungen auftreten.

Es ist interessant, daß das k. g. V. der Zahlen 1, 2, 3, 4, 5, 6, 7, 8, 9 und 10 mit dem k. g. V. der zweiten Hälfte dieser Zahlenfolge übereinstimmt, d. h. mit dem k. g. V. der Zahlen 6, 7, 8, 9 und 10. Dieses Beispiel veranschaulicht den allgemeinen Lehrsatz, daß das k. g. V. aller natürlichen Zahlen von 1 bis $2n$ mit dem k. g. V. der natürlichen Zahlen von $n + 1$ bis $2n$ übereinstimmt.

### 75. Gleichung gesucht

Wir multiplizieren die Gleichung mit $xy$ und erhalten durch weitere Umformungen

$$y + x + 1 = xy,$$
$$xy - x = y + 1,$$
$$x(y - 1) = y + 1,$$
$$x = \frac{y + 1}{y - 1},$$
$$x = 1 + \frac{2}{y - 1}.$$

Nur für $y_1 = 2$ und $y_2 = 3$, also für $x_1 = 3$ und $x_2 = 2$, erhalten wir Zahlenpaare $(x, y)$ natürlicher Zahlen $x$ und $y$, die die gegebene Gleichung erfüllen.

### 76. Lösungsmenge?

Die Gleichung wird in Linearfaktoren zerlegt:
$$(x^2 + x + 1)(2x^2 + 2x - 3) = -3(1 - x - x^2),$$
$$2x^4 + 2x^3 - 3x^2 + 2x^3 + 2x^2 - 3x + 2x^2 + 2x - 3$$
$$= -3 + 3x + 3x^2,$$
$$2x^4 + 4x^3 - 2x^2 - 4x = 0,$$
$$x^4 + 2x^3 - x^2 - 2x = 0,$$
$$x^3(x + 2) - x(x + 2) = 0,$$
$$(x + 2)(x^3 - x) = 0,$$
$$(x - 1)x(x + 1)(x + 2) = 0,$$

92 $\quad x_1 = 1; x_2 = 0; x_3 = -1; x_4 = -2.$

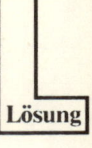

## 77. Zauberworte?

Im ersten Falle gibt es 252 Möglichkeiten, im zweiten 126.

An die Stelle jeden Buchstabens wird die Anzahl geschrieben, auf wieviel verschiedene Möglichkeiten man bis zu ihnen gelangen kann, d. h., die Summe der über ihnen stehenden erreichbaren Zahlen.

```
                        1
                    1   1   1
                1   2   3   2   1                           1
            1   3   6   7   6   3   1                   1       1
        1   4  10  16  19  16  10   4   1             1   2   1
    1   5  15  30  45  51  45  30  15   5   1       1   3   3   1
       21  50  90 126 141 126  90  50  21        1   4   6   4   1
         161 266 357 393 357 266 161           1   5  10  10   5   1
             784 1016 1107 1016 784          1   6  15  20  15   6   1
                2907 3139 2907             1   7  21  35  35  21   7   1
                    8953                 1   8  28  56  70  56  28   8   1
                                       1   9  36  84 126 126  84  36   9   1
```

Bei der zweiten Aufgabe müssen die Zahlen der letzten Zeile addiert werden und liefern $2^9 = 512$!

## 78. Das „Ornament"

In der nebenstehenden Abbildung zeigen wir Ihnen eine mögliche Lösung.

## 79. Verschiedene „Mittel"

Die beiden Zahlen seien mit a bzw. b bezeichnet, und es gelte ohne Einschränkung der Allgemeinheit a > b.
Dann gilt:

$$\sqrt{ab} = b + 4 \quad \text{und} \tag{1}$$

$$\frac{a + b}{2} = a - 6. \tag{2}$$

Aus (2) folgt a + b = 2a − 12 bzw. b = a − 12. Setzt man das in (1) ein, so erhält man

$$\sqrt{a(a - 12)} = a - 12 + 4,$$
$$a^2 - 12a = (a - 8)^2,$$
$$a^2 - 12a = a^2 - 16a + 64,$$
$$a = 16.$$

Durch Einsetzen ergibt sich b = 4. Die Probe zeigt, daß die Zahlen 16 und 4 den Bedingungen der Aufgabe genügen.

93

## 80. Der „Kristall"

In der nebenstehenden Abbildung zeigen wir Ihnen eine mögliche Lösung.

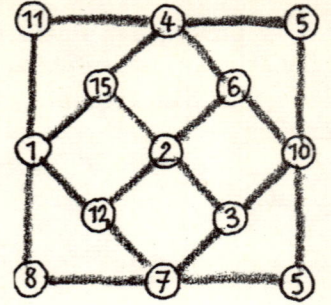

## 81. Das „Sternchen"

In der nebenstehenden Abbildung zeigen wir Ihnen eine mögliche Lösung.

## 82. Die symmetrische Summe
Lösung entfällt.

## 83. Das „magische" Zahlendreieck

Mögliche Varianten der Zahlenanordnung werden Ihnen in der Abbildung gezeigt. Die Summe der Zahlen an jeder Seite des ersten Dreiecks ist 17 und an jeder Seite des zweiten und dritten Dreiecks 20.

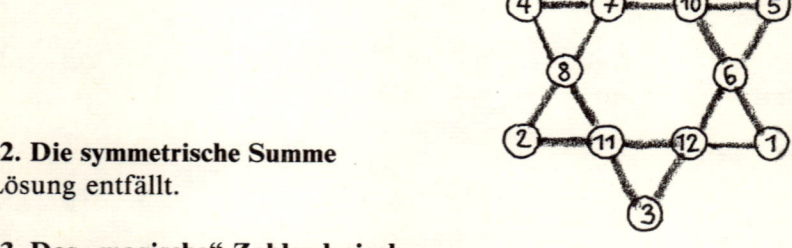

## 84. Übersichtlich!

$10a + b = 3(a + b)$ mit $1 \leqq a \leqq 9$ und $0 \leqq b \leqq 9$,

$7a = 2b$, $a = \dfrac{2b}{7}$.

Nur für $b = 7$ wird a ganzzahlig; $a = 2$, $b = 7$.

94   Es gilt also nur die Zahl 27.

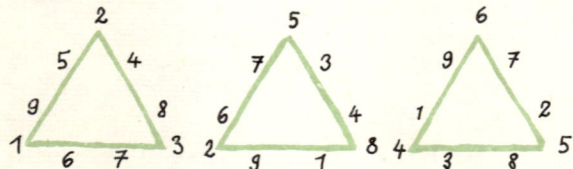

### 85. Komische „30"

Der erste Summand sei n, dann ist der zweite Summand (90 − n). Nun gilt:

$$\frac{25n}{100} + \frac{75(90 - n)}{100} = 30,$$

$$\frac{n}{4} + \frac{3(90 - n)}{4} = 30,$$

$$n + 3(90 - n) = 120,$$

$$n + 270 - 3n = 120,$$

$2n = 150$, also $n = 75$. Die beiden Zahlen lauten 75 und 15.

### 86. Vollkommen variabel

Es ist $\dfrac{a \cdot (c - b)}{b - a} > 0$ genau dann, wenn entweder $c > b$ und $b > a$ oder $c < b$ und $b < a$ gilt, d. h., wenn entweder $a < b < c$ oder $a > b > c$ gilt.

Für $a < b < c$, also für $a = 13$, $b = 15$, $c = 20$, erhalten wir

$$\frac{13 \cdot (20 - 15)}{15 - 13} = \frac{13 \cdot 5}{2} = 32{,}5,$$ also keine ganze Zahl.

Für $a > b > c$, also für $a = 20$, $b = 15$, $c = 13$, erhalten wir

$$\frac{20 \cdot (13 - 15)}{15 - 20} = \frac{20 \cdot (-2)}{-5} = 8.$$

### 87. Mal kleiner, mal größer

Da $x, y \in N$ folgt:

$x + y < 4$ und (1) $\quad x + y \leq 3$, bzw.

$2x + 5y > 10$ und (2) $\quad 2x + 5y \geq 11$.

Nach (2) und Einsetzen in (1) ist

$11 \leq 2x + 5y = 2(x + y) + 3y \leq 2 \cdot 3 + 3y$, daraus folgt

$11 - 6 + 5 \leq 3y$ und $y \geq \dfrac{5}{3}$ bzw. $y \geq 2$.

Damit müssen jetzt nur noch die Fälle $y = 2$ und $y = 3$ untersucht werden.

Die Aufgabe hat höchstens zwei Lösungen. Das Nachrechnen ergibt, daß die Wertepaare (1, 2) und (0, 3) die Bedingungen erfüllen.

### 88. Kongruente Teile

Die Figur aus 20 Quadraten soll in 4 kongruente Teilfiguren zerlegt werden, beginnend mit 2 kongruenten Teilfiguren zu 10 Quadraten.

95

Die Zerlegung einer Figur in 2 zueinander kongruente Teilfiguren ist nur dann möglich, wenn diese Figur Symmetrieeigenschaften besitzt, d. h., wenn eine Symmetrieachse s oder ein Symmetriezentrum Z angegeben werden kann. Bei der Zerlegung geht man dann von s bzw. Z aus. Im vorliegenden Fall gibt es mehrere Möglichkeiten. 4 davon sind in den obenstehenden Skizzen dargestellt.

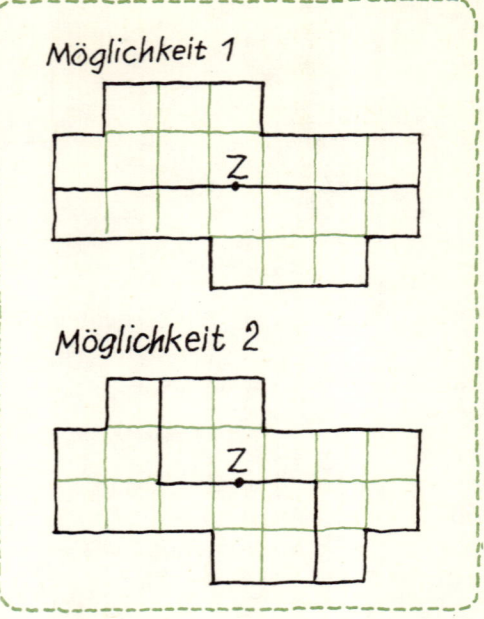

Da jeder der beiden entstandenen Teile wieder in 2 zueinander kongruente Teile zerlegt werden soll, müssen auch diese Teilfiguren Symmetrieeigenschaften besitzen. Das ist nur bei Möglichkeit 3 gegeben. Andere Möglichkeiten fallen weg. Jetzt wird die Teilfigur A betrachtet, das Symmetriezentrum $Z_A$ bestimmt und auf der Grundlage der Symmetrieeigenschaft die Zerlegung in 2 zueinander kongruente, jeweils 5 Quadrate enthaltende Teile vorgenommen. Auch hierfür gibt es mehrere Möglichkeiten,

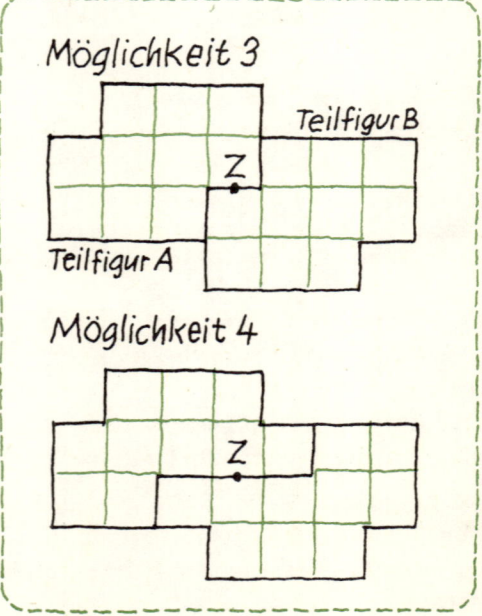

beispielsweise die 4 nebenstehenden:
Addiert man nun für jede dieser Möglichkeiten die auf den Teilfiguren angegebenen 5 Zahlen, so stellt man fest, daß nur die Möglichkeiten 2 und 4 die Bedingung, daß die Summe aus den Zahlen den Wert 50 haben soll, erfüllen.
Vergleicht man schließlich diese 2 Möglichkeiten mit den entsprechenden Zerlegungen der Teilfigur B, so kann noch die Möglichkeit 2 ausgeschlossen werden. Es bleibt einzig mögliche Zerlegung der Ausgangsfigur:

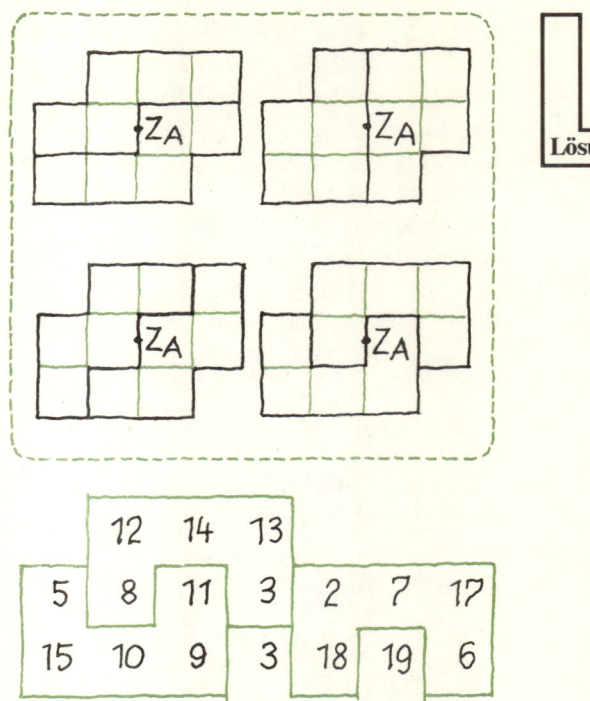

Lösung

## 89. Wert gesucht

$$a(a + 2) + c(c - 2) - 2ac =$$
$$a^2 + 2a + c^2 - 2c - 2ac =$$
$$(a^2 - 2ac + c^2) + 2a - 2c =$$
$$(a - c)^2 + 2(a - c) = 7^2 + 2 \cdot 7 = 63$$

## 90. Verdutzt am Lenkrad

Der Kilometerzähler zeigte die Zahl 20902. Die Ziffer der Zehntausender konnte sich während der zweistündigen Fahrt nicht ändern, somit bleibt auch die Ziffer der Einer gleich. Da das Fahrzeug in 2 Stunden zügiger Fahrt mehr als 98 km zurücklegen konnte, ändert sich die Ziffer der Tausender. Da es aber nicht mehr als 1000 km sein konnten, kann die Ziffer der Tausender und damit der Zehner nur eine 1 sein.
Die Ziffer des Hunderters kann jetzt nur noch eine 0 oder eine 1 sein, also hat der Zähler entweder 21 012 oder 21 112 angezeigt.

Eine 2 kann es unmöglich gewesen sein, da das Fahrzeug sonst 21 212 − 20 902 = 310 km zurückgelegt hätte, und das würde eine zu hohe Geschwindigkeit für einen Lastzug ergeben.

Würde der Zähler 21 112 anzeigen, hat das Fahrzeug in 2 Stunden 21 112 − 20 902 = 210 km mit einer Geschwindigkeit von 210 : 2 = 105 km/h zurückgelegt, was für einen Lastzug auf der Landstraße nicht zu erreichen ist.

Bleibt die letzte Möglichkeit, daß der Zähler die Zahl 21 012 anzeigte. Dann hat das Fahrzeug in 2 Stunden 21 012 − 20 902 = 110 km zurückgelegt mit einer Geschwindigkeit von 110 : 2 = 55 km/h.

### 91. Alles nur Logik

Aus $y + z = 11$ folgt $z = 11 - y$. Durch Einsetzen in die erste Gleichung erhält man

$7x + 5y - (11 - y) = 8$

bzw. $7x + 6y = 19$.

Wir erhalten

$$y = \frac{19 - 7x}{6} = 3 - x + \frac{1 - x}{6};$$

d. h., 6 teilt $1 - x$, also $x = 6k + 1$, $k \in N$. Damit ist

$$y = 3 - (6k + 1) + \frac{-6k}{6} = 2 - 7k.$$

Da $y \in N$, so ist nur der Fall $k = 0$ möglich, d. h., die einzige Lösung ist $(x, y, z) = (1, 2, 9)$.

### 92. Die Nachbarn von n

Der Vorgänger der natürlichen Zahl n ist $n - 1$, der Nachfolger $n + 1$. Es gilt $(n - 1) \cdot (n + 1) = 1224$, $n^2 = 1225$.

Die gesuchte Zahl n ist 35. Es gilt $34 \cdot 36 = 1224$.

# Dinge der Welt

oder
Von der Mühsal, die Augen
zu öffnen

### 93. Phantasieritt

Stellen Sie sich vor, Sie wollten als moderner Baron von Münchhausen auf einem Lichtquant (Photon) von der Sonne zur Erde reiten.

Wie lange würde der Ritt, beurteilt von einem Erdbeobachter, dauern?

### 94. Fliegengeschwindigkeit

Eine Schwebfliege surrt an einem Sommertag, während Sie vielleicht eine Waldwiese betrachten, vor Ihrer Nase. Sie scheint unbeweglich in der Luft zu schweben, doch plötzlich ist die Fliege weg. Sie entdecken das Insekt in Reichweite Ihres Armes, und wieder scheint es stillzustehen. Haben Sie den Ortswechsel der Schwebfliege beobachten können? Nein? Es sei so schnell gegangen ...?

Wie schnell?

Nehmen wir an, das Insekt habe eine Länge von 0,01 m und lege in der Sekunde das Tausendfache seiner Körperlänge zurück: Die Geschwindigkeit des Ortswechsels ist leicht im Kopf auszurechnen. Geben Sie sich den Wert in km/h vor, so ist ein Vergleich mit Alltagserfahrungen leichter möglich!

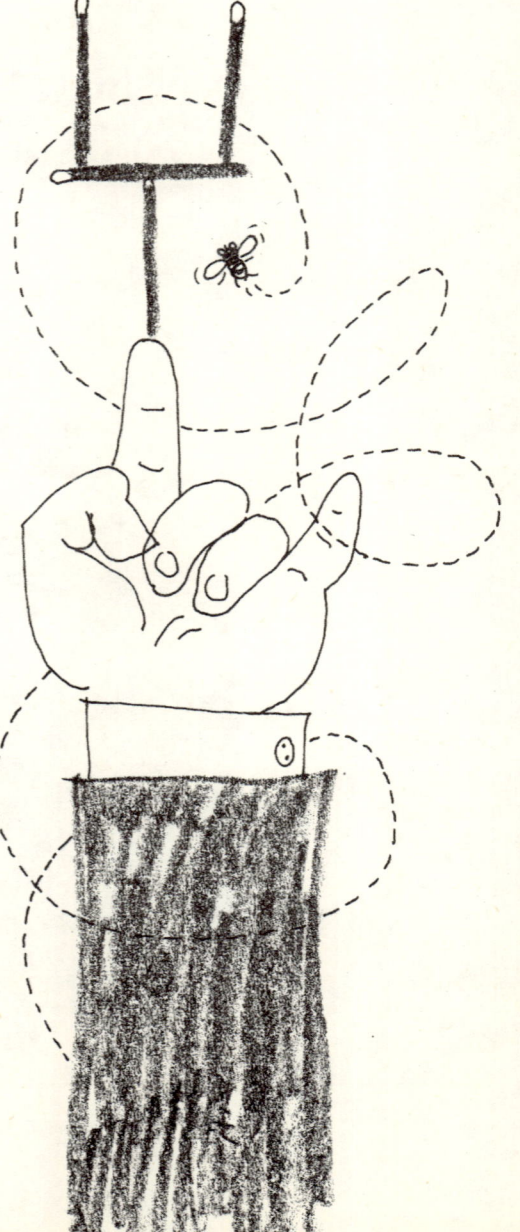

### 95. Meerschweinchen im Eis

Im Jahre 1780 untersuchten die beiden französischen Gelehrten Lavoisier und Laplace die Wärmebilanz eines ruhenden Meerschweinchens im sogenannten Eiskalorimeter. Sie stellten fest, daß das Tier in 10 Stunden eine Wärme erzeugte, die 341 g Eis zum Schmelzen brachte.

Geben Sie die Wärmemenge, die das Meerschweinchen durchschnittlich je Stunde abgab, in den Einheiten cal bzw. J (Joule) an!

### 96. Seenot

Am Morgen der Sturmnacht des 22. Dezember 19.. sank die gekenterte „Suggar". Stunden später entdeckte die Küstenwache im Radar ein Rettungsfloß, daß von starker Strömung 200 km ins offene Meer abgetrieben worden war. Sofort startete ein Rettungshubschrauber, dessen Geschwindigkeit das Zwölffache derjenigen des Rettungsfloßes betrug.

Welche Strecke trieb das Rettungsfloß weiter ab, bis die Retter, mit dem Hubschrauber an Ort und Stelle angelangt, die Bergungsaktion durchführen konnten?

### 97. Die Entdeckung der Jahreszeiten

Zu Beginn des 2. Jahrhunderts v. u. Z. wurde zu Nicäa der begabte Hipparch geboren, der zu einem der erfolgreichsten beobachtenden Astronomen der antiken Welt heranwuchs. Er entdeckte beispielsweise, daß die Jahreszeiten von ungleicher Länge sind. Die alexandrinische Astronomenschule, der Hipparch zugeordnet werden kann, rechnete vor dieser Entdeckung mit einem Jahr von 365 Tagen, eingeteilt in Quartale zu je 91,25 Tagen.

Hipparch fand nun aber, daß der Frühling 2 Tage länger währte als der Sommer, der Herbst 2 Tage kürzer als der Winter, der sich wiederum vom tagreichen Sommer um 2,5 Tage unterschied.

Wieviel Tage umfaßten jeweils die 4 Jahreszeiten bei Hipparch, wenn man bedenkt, daß er die Tagesanzahl eines Jahres von der alexandrinischen Astronomenschule unverändert übernahm?

### 98. Kabel als Nervensäge

2 Lehrlinge erhielten den Auftrag, durch einen quaderförmigen Raum ein Kabel zu verlegen. Das Kabel sollte durch eine der 4 unteren Ecken in den Raum hinein und durch die in Richtung der Raumdiagonalen gegenüberliegende obere Ecke wieder aus dem Raum hinausführen. Dabei sollten die Lehrlinge ein möglichst kurzes Stück Kabel verwenden.

Wie mußte das Kabel an Wand und Decke entlanggeführt werden, wenn man dabei nicht berücksichtigt, daß Leitungen üblicherweise horizontal und vertikal verlegt werden?

### 99. Bedrohliche Entwicklung?

Im menschlichen Körper sterben ständig Zellen ab, sie werden durch neue ersetzt. Eine Ausnahme bilden die Nervenzellen: Wahrscheinlich sind sie so hochspezialisiert, daß sie nicht nachgebildet werden können.

Angenommen, täglich gingen 10 000 Nervenzellen von ursprünglich 10 Milliarden unwiederbringlich verloren (eine grobe, aber anschauliche Schätzung).

Wieviel Prozent der Nervenzellen sind bei einem Menschen, der am 31. 12. 1963 geboren wurde (mit 10 Milliarden Nervenzellen), an seinem 36. Geburtstag noch vorhanden?

### 100. Autorennen

2 Autorennsportamateure fahren mit fliegendem Start auf ebener, gerader Strecke ein Testrennen gegeneinander. In einem blauen bzw. roten Sportwagen fahrend, passieren sie gleichzeitig die Startlinie. „Rot" durchfährt die Distanz zum Ziel mit einer Durchschnittsgeschwindigkeit von 288 km/h, „Blau" erzielt ein Stunden-

mittel von 306 km/h und erreicht das Ziel 1,2 Minuten eher als „Rot".
Wie lang war die Rennstrecke?

---

Solange die Alchimisten bloß den Stein der Weisen suchten, die Kunst des Goldmachens anstrebten, waren alle ihre Versuche fruchtlos; erst die Beschränkung auf scheinbar wertlose Fragen schuf die Chemie. So verliert die Naturwissenschaft die großen allgemeinen Fragen scheinbar ganz aus dem Auge, aber um so großartiger ist der Erfolg, wenn sich beim mühsamen Tasten im Dickicht der Spezialfragen plötzlich eine kleine Lücke auftut, die einen bisher nicht geahnten Ausblick auf das Ganze gestattet.

*Ludwig Boltzmann*

---

### 101. Reaktorgold
Wir wollen 50 kg Quecksilber im Kernreaktor in echtes Gold (Au−197) verwandeln. Dieses Gold entsteht allein aus dem Quecksilber Hg−196. Leider ist dieses Isotop im Quecksilber nur zu 0,146 % vorhanden. Berechnen Sie, wieviel vom Isotop Hg−196 in 50 kg Quecksilber enthalten sind!

### 102. Fußmarsch um Beschleuniger
Einer der großen Teilchenbeschleuniger wurde in Serpuchow (UdSSR) errichtet. Der Durchmesser des Hauptrings des Beschleunigers beträgt 470 m. Der Hauptring besteht aus Elektromagneten, die die in ihm eingeschossenen Teilchen bündeln und in einer Vakuumröhre so führen, daß keine Wandberührungen stattfinden. Dabei legen die Teilchen in der kurzen Beschleunigungszeit von 2 bis 3 Sekunden einen Weg von mehr als einer halben Million Kilometern zurück.
Um den Hauptring des Beschleunigers ist ein Tunnel angelegt, der die Wartung und Vermessung der technischen Einrichtungen gewährleistet. Vom Ausmaß der Anlage wollen wir uns ein Bild machen, indem wir in Gedanken zu Fuß um den Hauptring wandern. Wir wollen dabei die normale Fußgängergeschwindigkeit von 4 km/h zugrunde legen. Wie lange würde die Fußwanderung um den Hauptring der Anlage dauern?

### 103. Der Gestiefelte Kater

Der Gestiefelte Kater reist um die Welt, im Kino gelenkt von der Kunst, die Walt Disneys Ruhm weltweit begründete, dem Zeichentrickfilm. Damit der Kater und seine degenbewaffneten Widersacher sich lebensecht bewegen können, müssen 24 einzeln gezeichnete Bilder der Bewegungsabfolge je Sekunde gezeigt werden. Wieviel Bilder braucht man unter dieser Bedingung für einen einstündigen Zeichentrickfilm?

*Johann Peter Hebel (1760—1826):* Rätselhafte Physik

Leer bin ich so schwer, als wenn ich voll wär,
Voll bin ich so schwer, als wenn ich leer wär.

*Der Blasebalg*

### 104. Blitz und Donner

Die folgende einfache Aufgabe mag ein Problem in Erinnerung bringen, das Ihnen beim Wandern in ebener, baumloser Landschaft von Nutzen sein könnte:
Ein Gewitter zieht über die Landschaft auf und überrascht Sie. Zwischen Blitz und darauffolgendem Donner messen Sie eine Zeit von 11,3 Sekunden.
Wie weit ist das Gewitter von Ihrer Position entfernt?

### 105. Geheimnisvolle Lunge

Wie funktioniert der Gasaustausch zwischen Außenluft und den im Blut gelösten Gasen? Dafür sind die Bauelemente der Lunge,

die 300 Millionen belüfteten Lungenbläschen oder Alveolen, zuständig. Der Durchmesser einer Alveole beträgt 0,25 mm.
Die Wand eines einzigen dieser Lungenbläschen besteht aus einem elastischen Fasernetz, das von feinen Kapillaren umsponnen wird, durch die das Blut fließt. Kapillarwand und Alveolenwand trennen es von der Luft, die durch die Atmung in die Alveolen gelangt ist. Der ausreichende Gasaustausch hängt nun von der Größe der Kontaktfläche ab (Alveolenwandfläche). Wir nehmen an, die Alveolen seien kugelförmig, und die gesamte Oberfläche sei bei der Atmung wirksam.
Wie groß ist die Fläche, über die das Blut mit der Außenluft in Kontakt steht?

### 106. Wärmemenge gesucht
Welche Wärmemenge ist notwendig, um 1 l Wasser von 15 °C auf 85 °C zu erwärmen?
Das Ergebnis ist in kcal und Ws anzugeben.

### 107. Leistung gefragt
Stellen Sie sich vor, Sie würden in einem Freudentaumel die Treppe Ihres Wohnhauses emporjagen, um Ihren Angehörigen einen Lotterie-Hauptgewinn zu verkünden. Wir unterstellen, Sie hätten eine Masse von 70 kg und würden auf der Treppe in 3 Sekunden eine Höhe von 3 m überwinden. Zweifellos müßten Sie dazu 2 Stufen auf einmal nehmen.

Vergleichen Sie die physikalische Leistung dieser Aktion mit derjenigen, die Sie aufwenden müßten, um in einem Hochhaus, die Feuertreppe benutzend, 120 m Höhe in 30 Minuten zu schaffen!

## 108. Schwimmer, Boot und Hut

Ein Boot treibt mit der Strömung. Der Mann am Ruder springt plötzlich in den Strom, probiert einige Zeit gegen die Strömung schwimmend seine Kraft, dann wendet er und versucht, das Boot wieder einzuholen.

Wir teilen den Vorgang in 2 Zeitabschnitte und fragen: Braucht der Schwimmer eine größere Zeit für die Strecke, die er gegen die Strömung bis zum Wendepunkt schwimmt (1), oder für die Strecke, die er für das Einholen des Bootes vom Wendepunkt an benötigt (2), oder sind beide Zeitspannen gleich groß?

Wir nehmen an, daß der Schwimmer immer die gleiche Muskelkraft aufwendet.

Wir wollen eine Probeantwort versuchen:

Der Schwimmer braucht, um das Boot mit der Strömung einzuholen (Zeitabschnitt 2), die gleiche Zeit, die er braucht, um anfangs gegen den Strom zu schwimmen (Zeitabschnitt 1).

Die Strömung trägt mit gleicher Geschwindigkeit das Boot und den Schwimmer flußab, beeinfluß also nicht den Abstand zwischen Boot und Schwimmer. Daraus folgt, daß der Schwimmer beim Vorhandensein einer Strömung vom Boot bis zur Wendemarke die gleiche Zeit braucht wie von der Wendemarke zum Boot.

Wenden wir uns nach dieser Probeantwort einem analogen Problem zu:

Ein Sportler springt von einer Brücke in den Fluß und schwimmt gegen die Strömung. Gleichzeitig fällt vom Kopf eines Zuschauers, der neugierig von der Brücke aus zusieht, der Hut ins Wasser und wird von der Strömung weggetragen. Nach zehnminütigem Schwimmen wendet der Sportler. Wieder an der Brücke angelangt, wird er von dem Zuschauer gebeten, weiterzuschwimmen und ihm den Hut zurückzubringen. Er erwischt den Hut erst unter der zweiten Brücke, die sich in 1000 m Entfernung von der ersten befindet. Auch hier nehmen wir an, daß beim Schwimmen stets die gleiche Muskelkraft aufgewendet wurde.

Ermitteln Sie die Geschwindigkeit der Strömung!

## 109. Drahtvergleich

2 Drähte mit gleichförmigem Querschnitt aus Kupfer und Aluminium sollen bezüglich ihres Widerstandes verglichen werden! Beide sind 100 m lang und haben einen Durchmesser von 1 mm.

Betrachten Sie dieses Bild genau und stellen Sie fest, ob die Glühlampe B aufleuchtet, wenn man die Schere mit der Batterie A in Kontakt bringt! Wie verhält es sich damit?
(Die Batterie soll selbstverständlich noch unverbraucht sein.)

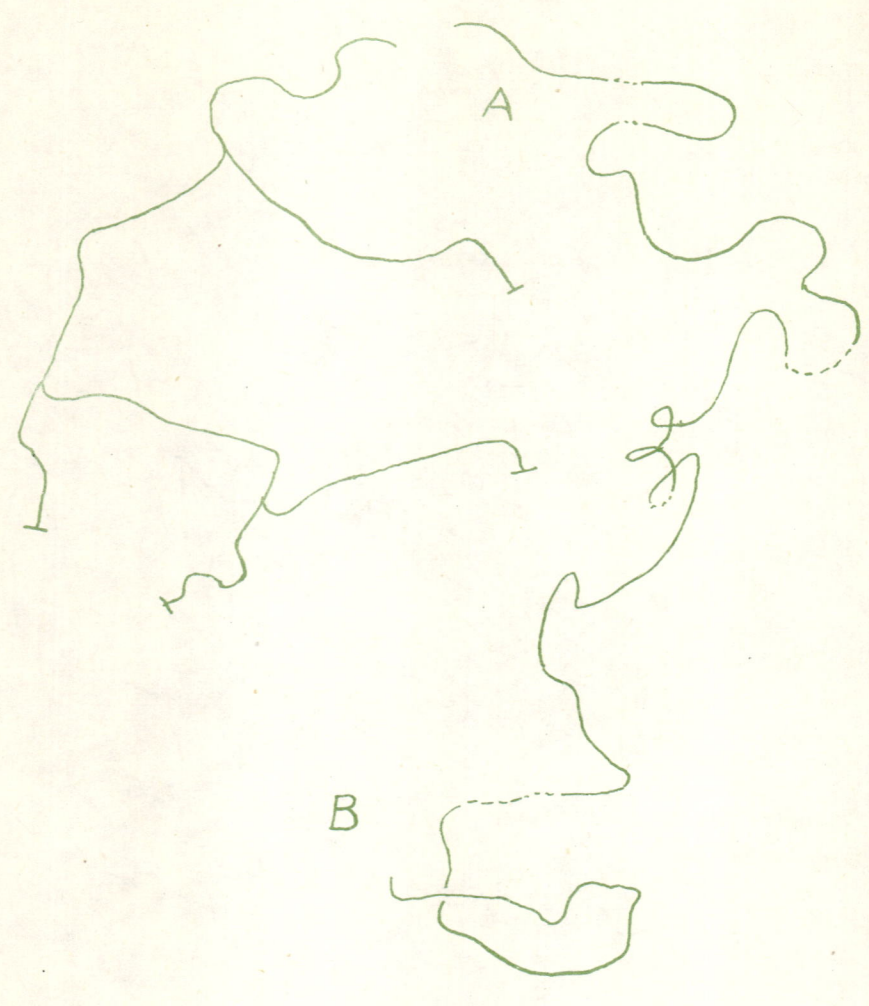

Um die Aufgabe zu lösen, müssen Sie nicht unbedingt die gleiche Anordnung, wie sie das Bild zeigt, herstellen. Es genügt nachzuprüfen, ob
die dargestellten Gegenstände stromleitende Eigenschaften haben und
den Stromkreis zu schließen vermögen.

An den nicht durchgehenden Linien (siehe Skizze) erkennt man, daß
die Glühlampe nicht leuchten kann.

### 93. Phantasieritt

Photon:

$$v = 300\,000\,\frac{km}{s};\ v \triangleq \text{Geschwindigkeit des Photons.}$$

$$s = 149\,600\,000\,km = 149,6 \cdot 10^6\,km;\ s \triangleq \text{mittlere Distanz}$$
Erde–Sonne.

$$t = \frac{s}{v};\ t \triangleq \text{Flugzeit des Photons.}$$

$$t = \frac{149,6 \cdot 10^6}{3 \cdot 10^5}\ \frac{km \cdot s}{km} = 498,7\,s,\ t = 498,7\,s = 8,3\,\text{min.}$$

Wären Sie in der Lage, auf einem Photon durch das Weltall zu reiten, so benötigten Sie für die mittlere Distanz Sonne–Erde eine Zeit von 498,7 Sekunden oder 8,3 Minuten.

### 94. Fliegengeschwindigkeit

$$v = \frac{s}{t};\ s \triangleq \text{Weg, } t \triangleq \text{Zeit, } v \triangleq \text{Geschwindigkeit.}$$

$$v = \frac{1000 \cdot 0,01\,m}{1s} = 10\,\frac{m}{s},\ v = 36\,\frac{km}{h}.$$

Die Schwebfliege wechselt ihre Standorte bei Zugrundelegen unserer Annahmen (die eher zu niedrig als zu hoch liegen) mit einer Geschwindigkeit von 36 km/h, vergleichbar einem Weltklassesprinter.

### 95. Meerschweinchen im Eis

$$c_s = 79,8\,\frac{kcal}{kg} = 79,8\,\frac{cal}{g};\ c_s \triangleq \text{Schmelzwärme des Eises.}$$

$$m = 341\,g;\ m \triangleq \text{Masse des geschmolzenen Eises, } W \triangleq \text{Wärmemenge.}$$

$$W = c_s \cdot m = 79,8\,\frac{cal}{g} \cdot 341\,g = 27\,211,8\,cal = 27,2\,kcal;$$

$$P = \frac{27,2\,kcal}{10\,h} = 2,72\,\frac{kcal}{h}.$$

$$1\,cal \triangleq 4,1868\,J.$$

$$W = 27\,212\,cal = 113\,931,2\,J = 113,9\,kJ.$$

$$P = \frac{113,9\,kJ}{10\,h} = 11,4\,\frac{kJ}{h}.$$

Das Meerschweinchen gab durchschnittlich je Stunde 2,72 kcal bzw. 11,4 kJ ab.

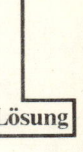
Lösung

109

### 96. Seenot

$v_F = \dfrac{s}{t}$; $v_F \;\hat{=}\;$ Geschwindigkeit des Floßes, $s \;\hat{=}\;$ Weg, den das Floß ab der Position abtreibt, die es zum Zeitpunkt des Hubschrauberstarts innehatte, $t \;\hat{=}\;$ Zeit, $v_H \;\hat{=}\;$ Geschwindigkeit des Hubschraubers.

$$v_H = \frac{s + 200}{t} = 12\, v_F, \quad t = \frac{s + 200}{12\, v_F},$$

$$t = \frac{s}{v_F},$$

$$\frac{s}{v_F} = \frac{s + 200}{12\, v_F},$$

$$12s = s + 200,$$

$$s = 18{,}2 \text{ km}.$$

Das Floß trieb bis zur Ankunft des Rettungshubschraubers 18,2 km von derjenigen Position ab (200 km), die es zum Startzeitpunkt des Hubschraubers innehatte.

### 97. Die Entdeckung der Jahreszeiten

Sommer $\;\hat{=}\; x$,
Frühling $\;\hat{=}\; x + 2$,
Winter $\;\;\;\hat{=}\; x - 2{,}5$,
Herbst $\;\;\;\hat{=}\; x - 4{,}5$.

$$x + (x + 2) + (x - 2{,}5) + (x - 4{,}5) = 365,$$
$$4x - 5 = 365,$$
$$4x = 370,$$
$$x = 92{,}5.$$

Hipparchs Jahreszeiten:
Frühling: 94,5 Tage,
Sommer: 92,5 Tage,
Herbst: 88,0 Tage,
Winter: 90,0 Tage.

Die Jahreszeiten wiesen auf eine nicht gleichförmige Kreisbewegung der Sonne hin. Hipparch ersann deshalb eine im Gegensatz zum aristotelischen geozentrischen Weltbild exzentrische Kreisbewegung der Sonne um die Erde. Hipparch dürfte eine wesentliche Quelle gewesen sein, aus der Ptolemäus 3 Jahrhunderte nach Hipparch für sein berühmtes Werk, den „Almagest", geschöpft hat. Das darauf fußende Weltbild wurde erst von Kopernikus überwunden.

110

## 98. Kabel als Nervensäge

Das Kabel möge durch die Ecke A in den Raum hinein- und durch die Ecke G wieder aus dem Raum hinausführen. Da es an Wand und Decke verlegt werden soll, wird die Fußbodenfläche ABCD von der Betrachtung ausgeschlossen.

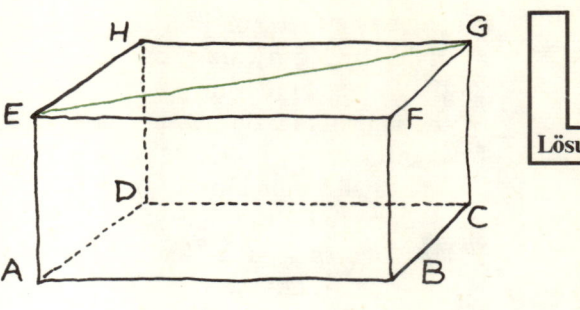

Lösung

Denkt man sich den Rest der Oberfläche des Quaders entlang der 4 Seitenkanten AE, BF, CG und DH aufgeschnitten und danach die 4 Wandflächen in die Ebene der Deckenfläche EFGH geklappt, so entsteht folgende Figur:

Würde man das Kabel vom Punkt A entlang der Seitenkante AE und vom Punkt E in Richtung der Flächendiagonalen der Deckenfläche EFGH weiter nach G führen (rote Linie), so brauchte man ein Kabel mit der Länge $\overline{AE} + \overline{EG}$. Zeichnet man in die Rechtecke AFGD und ABGH die Diagonalen AG ein (durch gestrichelte Linien gekennzeichnet), so erhält man im Rechteck AFGD unter anderem $\triangle$ AEG und im Rechteck ABGH $\triangle$ AGE.

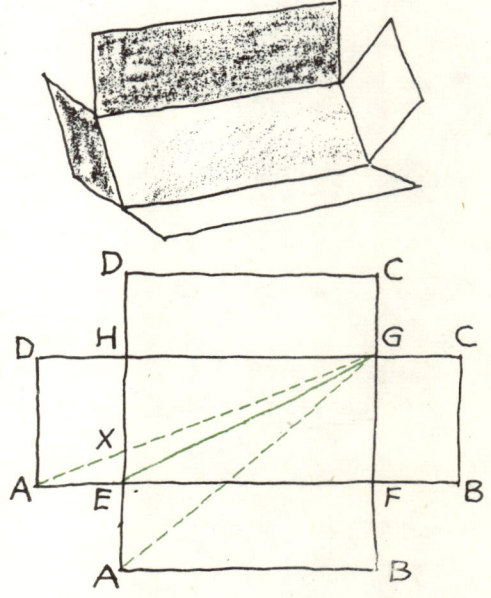

In jedem dieser beiden Dreiecke treten die Seitenlängen $\overline{AE}$ und $\overline{EG}$ auf. Bekanntlich ist aber für jedes beliebige Dreieck die Summe aus 2 beliebigen Seitenlängen größer als die Länge der dritten Seite, so daß die Länge jeder der beiden Diagonalen AG in den Rechtecken AFGD und ABGH weniger als $\overline{AE} + \overline{EG}$ beträgt. Die beiden Diagonalen AG sind im allgemeinen verschieden lang

(Gleichheit nur beim Würfel!). Die kürzere von beiden ist diejenige, deren Gegenwinkel im betreffenden Dreieck (d. h. $\sphericalangle$ AEG in $\triangle$ AEG bzw. $\sphericalangle$ GEA in $\triangle$ AGE) den kleineren Betrag hat, und das ist die Diagonale, die die längere Seite (hier EF) der rechteckigen Deckenfläche schneidet. Das Kabel muß demzufolge vom Punkt A an der Wand zunächst zum Punkt Y und vom Punkt Y an der Decke weiter zum Punkt G geführt werden. Die Lage des Punktes Y läßt sich mit Hilfe des Strahlensatzes aus Länge, Breite und Höhe des Zimmers leicht bestimmen. Die Proportion $\overline{GF} : \overline{GB} = \overline{FY} : \overline{BA}$ ergibt nämlich sofort

$$\overline{FY} = \frac{\overline{GF} \cdot \overline{BA}}{\overline{GB}}.$$

### 99. Bedrohliche Entwicklung?

Lebenstage: 13149 (Schaltjahre inbegriffen).

Am 26. Geburtstag sind verloren:

$$13\,149 \text{ Tage} \cdot 10\,000 \, \frac{\text{Nervenzellen}}{\text{Tag}} = 131\,400\,000 \text{ Nerven-}$$

zellen $= 1{,}31 \cdot 10^8$ Nervenzellen.

$1{,}31 \cdot 10^8$ abgestorbene Nervenzellen $\triangleq$ x %,

$10 \cdot 10^9$ ursprünglich vorhandene Nervenzellen $\triangleq$ 100 %,

$1{,}31 \cdot 10^8 : x = 10 \cdot 10^9 : 100,$

$$x = \frac{1{,}31 \cdot 10^{8+2}}{10^{10}},$$

$$x = 1{,}31.$$

Man kann sich trösten: Unter unseren Annahmen sind bei einem 36jährigen Menschen 1,31 % der ursprünglichen $10^{10}$ Nervenzellen abgestorben, folglich sind noch 98,69 % vorhanden!

### 100. Autorennen

$v = \dfrac{s}{t}$; s $\triangleq$ zurückgelegter Weg,

t $\triangleq$ Fahrzeit,

v $\triangleq$ Wagendurchschnittsgeschwindigkeit.

Blau: $v_B = 306 \text{ km/h} = 5{,}1 \text{ km/min}.$
Rot: $v_R = 288 \text{ km/h} = 4{,}8 \text{ km/min}.$
$s_B = v_B \cdot t_B,$
$s_R = v_R \cdot t_R;$ $t_R = t_B + 1{,}2 \text{ min}.$
$s_B = s_R:$

$$t_B = \frac{v_R (t_B + 1,2 \text{ min})}{v_B},$$

$$t_B = \frac{v_R t_B}{v_B} + \frac{1,2 \text{ min} \cdot v_R}{v_B},$$

$$\frac{t_B (v_B - v_R)}{v_B} = \frac{1,2 \text{ min} \cdot v_R}{v_B},$$

$$t_B = \frac{1,2 \text{ min} \cdot v_R}{v_B - v_R},$$

$$t_B = \frac{1,2 \text{ min} \cdot 4,8 \text{ km/min}}{5,1 \text{ km/min} - 4,8 \text{ km/min}},$$

$$t_B = 19,2 \text{ min},$$

$$s = v_B \cdot t_B = 5,1 \text{ km/min} \cdot 19,2 \text{ min} = 97,9 \text{ km}.$$

Die Rennstrecke war 97,9 km lang.

## 101. Reaktorgold

Konzentration von Hg−196 in Quecksilber: 0,146 %

$$50\,000 \text{ g} : 100\,\% = x \text{ g} : 0,146\,\%$$
$$x = 73 \text{ g}.$$

50 kg Quecksilber enthalten nur 73 g des Isotops Hg−196, und nur diese Menge kann im Kernreaktor in echtes Gold transmutiert werden.

## 102. Fußmarsch um Beschleuniger

$v = \frac{s}{t}$; $v \triangleq$ Geschwindigkeit, $s \triangleq$ Weg, $t \triangleq$ Zeit.

$$v = 4 \text{ km/h} \approx 1,1 \text{ m/s},$$

113

$s = \pi \cdot d = 1476,6$ m mit $d = 470$ m (Durchmesser des Haupt-

rings), $t = \dfrac{s}{v} = \dfrac{1476,6 \text{ m} \cdot s}{1,1 \text{ m}} = 1329,4 \text{ s} = 22,2 \text{ min.}$

Wir wären bei unserer Fußwanderung um den Hauptring des Beschleunigers von Serpuchow etwa 22 Minuten unterwegs, wenn wir eine Durchschnittsgeschwindigkeit von 4 km/h für dieses Unternehmen veranschlagen.

**103. Der Gestiefelte Kater**
1 h = 3600 s,
3600 · 24 = 86 400.
Unter den angenommenen Bedingungen müssen 86 400 Bilder der Bewegungsabfolgen der Figuren für einen einstündigen Trickfilm gezeichnet werden. Das sind so viele Zeichnungen, wie Tag und Nacht zusammen Sekunden haben.

**104. Blitz und Donner**
$v = \dfrac{s}{t}$, $v = c$, $c \triangleq$ Schallgeschwindigkeit in Luft bei 20 °C.
$s = c \cdot t$,
$s = 340$ m/s $\cdot 11,3$ s,
$s = 3842$ m.
Das Gewitter ist rund 3,8 km von Ihrer Position entfernt.

**105. Geheimnisvolle Lunge**
Kugeloberfläche: $A = \pi \cdot d^2$,
Durchmesser einer Alveole: $d = 0,25$ mm,
$\qquad\qquad\qquad\qquad A = 3,14 \cdot (0,25 \text{ mm})^2,$

Oberfläche einer Alveole:   A = 0,20 mm²,
Oberfläche aller Alveolenwände: 300 · 10⁶ · 0,20 mm² = 60 m².
Die Oberfläche aller Alveolen beträgt bei Berücksichtigung unserer Annahmen 60 m².
Unsere Annahmen sind etwas zu einfach: Fachleute geben 70 m² an.

### 106. Wärmemenge gesucht

$W = c \cdot m \cdot \Delta t$; $W \triangleq$ Wärmemenge, $c \triangleq$ spezifische Wärme,
$\Delta t \triangleq$ Temperaturänderung [in Kelvin, K].
1 cal $\triangleq$ 4,1868 Ws = 4,1868 J,
1 l Wasser $\triangleq$ 1000 g,
c (Wasser) = 1 cal/gK,
$\Delta t$ = 70 K.
W = 1 cal/gK · 1000 g · 70 K,
W = 70 000 cal = 70 kcal,
W = 293 080 Ws.
Zur Erwärmung eines Liters Wasser mit einer Temperatur von 15 °C auf eine Temperatur von 85 °C ist eine Wärmemenge von 70 000 cal bzw. 293 080 Ws erforderlich.

### 107. Leistung gefragt

$P = \dfrac{W}{t}$; $P \triangleq$ Leistung, $W \triangleq$ Arbeit, $t \triangleq$ Zeit,

$P = \dfrac{m \cdot g \cdot h}{t}$,

$W = m \cdot g \cdot h$; $h \triangleq$ Höhe, $g \triangleq$ Erdbeschleunigung.
Leistung auf der Wohnhaustreppe: m = 70 kg, h = 3 m, t = 3 s.   115

$$P = \frac{70 \text{ kg} \cdot 9,81 \text{ m/s}^2 \cdot 3 \text{ m}}{3 \text{ s}},$$

$$P = 686,7 \frac{\text{kgm}^2}{\text{s}^3} = 686,7 \text{ W} = 0,69 \text{ kW}.$$

Leistung auf der Feuertreppe: $m = 70 \text{ kg}$, $h = 120 \text{ m}$, $t = 30 \text{ min} = 1800 \text{ s}$.

$$P = \frac{70 \text{ kg} \cdot 9,81 \text{ m/s}^2 \cdot 120 \text{ m}}{1800 \text{ s}},$$

$$P = 45,8 \frac{\text{kgm}^2}{\text{s}^3} = 45,8 \text{ W} = 0,046 \text{ kW}.$$

Um mit der Kunde vom Geldsegen die Träume Ihrer Angehörigen anzuheizen, müßten Sie in 3 Sekunden, 3 m Höhe per Treppe nehmend, eine Leistung von 0,69 kW aufbringen. Auf der Feuertreppe täten Sie alles gemächlicher: Nur 0,046 kW Leistungsaufwand ermöglichen Ihnen den Aufstieg auf 120 m Höhe in 30 Minuten.

Wie ist es möglich, daß die Mathematik, letztlich doch ein Produkt menschlichen Denkens unabhängig von der Erfahrung, den wirklichen Gegebenheiten so wunderbar entspricht?

*Albert Einstein*

## 108. Schwimmer, Boot und Hut

Lesen wir die Aufgabe aufmerksam durch, so stellen wir fest, daß die Zeit, die der Schwimmer von der ersten Brücke gegen die Strömung bis zum Wendepunkt braucht, gleich der Zeit ist, die er mit der Strömung vom Wendepunkt bis zur zweiten Brücke benötigt, wo er den Hut einholt. Hieraus folgt, daß sich der Schwimmer und der Hut 20 Minuten lang im Wasser bewegen. Der Hut legt in dieser Zeit mit der Geschwindigkeit der Strömung den Abstand zwischen der ersten und der zweiten Brücke zurück, d. h. 1000 m. Folglich ist die Geschwindigkeit der Strömung $1000 : 20 = 50$ m/min. Hier noch eine andere Lösung, die sich auf eine pfiffige Überlegung stützt: Wir betrachten die Situation „vom Standpunkt des Hutes aus".

Wir nehmen an, daß nicht der Hut, von der Strömung mitgerissen, von der ersten zur zweiten Brücke schwimmt, sondern die zweite

Brücke mit der Geschwindigkeit der Strömung in Richtung zum Hut schwimmt, der unter der ersten Brücke im ruhenden Wasser liegt. An der Sache selbst ändert sich dadurch nichts. Nicht wahr? Was ergibt sich daraus? Der Hut fällt ins Wasser und bleibt an seinem Platz, und die Brücke Nr. 2 bewegt sich auf ihn zu. Und was ist mit dem Schwimmer? Er schwimmt im stehenden Wasser 10 Minuten in die eine Richtung und (weil das Wasser ruht) in der gleichen Zeit wieder zurück. Nach 20 Minuten ist er wieder zum alten Platz zurückgekehrt und trifft dort den Hut. In diesem Augenblick kommt die zweite Brücke, nachdem sie 1000 m zurückgelegt hat, bei dem Schwimmer und dem Hut an. (Nach der Bedingung der Aufgabe sollte doch der Schwimmer den Hut unter der zweiten Brücke erreichen.) Folglich hat sich die Brücke mit einer Geschwindigkeit von 1000 : 20 = 50 m/min bewegt. Diese stellt auch die Geschwindigkeit der Strömung dar, auf die des Schwimmers kommt es gar nicht an.

## 109. Drahtvergleich

$R = \varrho \cdot \dfrac{l}{A}$; $R \triangleq$ Ohmscher Widerstand, $\varrho \triangleq$ spezifischer Widerstand,

$l \triangleq$ Länge des Leiters, $A \triangleq$ Querschnitt des Leiters.

*Kupferdraht:*

$\varrho = 0{,}016 \dfrac{\Omega \cdot \text{mm}^2}{\text{m}}$, $\quad l = 100 \text{ m}$,

$A = \dfrac{\pi \cdot d^2}{4} = 0{,}79 \text{ mm}^2$ (kreisförmiger Querschnitt!),

$R = 0{,}016 \dfrac{\Omega \cdot \text{mm}^2}{\text{m}} \cdot \dfrac{100 \text{ m}}{0{,}79 \text{ mm}^2} = 2{,}03 \ \Omega.$

*Aluminiumdraht:*

$\varrho = 0{,}024 \dfrac{\Omega \cdot \text{mm}^2}{\text{m}}$, $\quad l = 100 \text{ m}$,

$A = \dfrac{\pi \cdot d^2}{4} = 0{,}79 \text{ mm}^2$,

$R = 0{,}024 \dfrac{\Omega \cdot \text{mm}^2}{\text{m}} \cdot \dfrac{100 \text{ m}}{0{,}79 \text{ mm}^2} = 3{,}04 \ \Omega.$

Der Kupferdraht hat unter den gegebenen Bedingungen einen Widerstand von 2,03 Ω, der Aluminiumdraht einen Widerstand von 3,04 Ω. Kupfer eignet sich also besser als Leitermaterial, allerdings ist es wesentlich teurer als Aluminium.

### Die Story von Gans und Storch

Eine einzelne Wildgans begegnete einem Flug Wildgänsen. Sie rief: „Guten Tag, ihr hundert Gänse!" Die alte Leitgans antwortete ihr: „Nein, wir sind nicht hundert Gänse! Schau an, wenn wir soviel wären, wie wir sind, und dann noch einmal soviel und dann noch einhalbmal soviel und noch einviertelmal soviel und dann du dazu, dann wären wir hundert Gänse, aber so sind wir..., na, rechne einmal selbst, wieviel wir sind!"

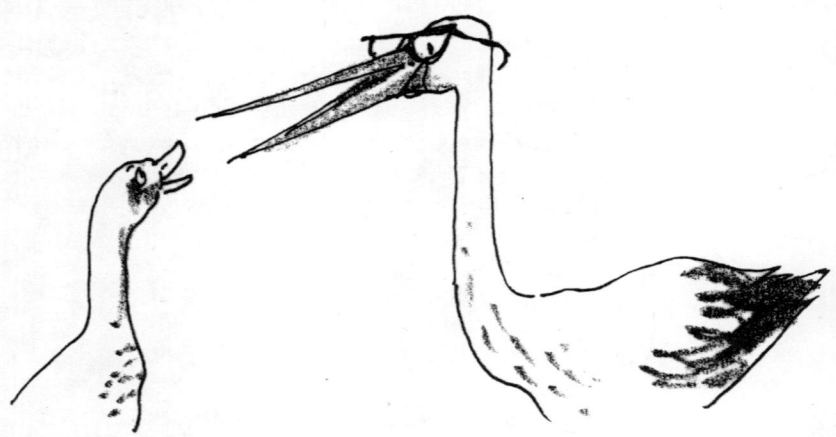

Die Wildgans flog weiter und dachte nach. Wie vielen Artgenossen war sie denn nun begegnet? Sie überlegte und überlegte und konnte auf keine Weise die Aufgabe lösen, von welcher Seite sie auch immer anfing. Da sah sie am Rande eines Teiches einen Storch, der umherstelzte und Frösche suchte. Der Storch ist ein würdevoller Vogel und genießt unter den Vögeln den Ruf eines Mathematikers. Stundenlang steht er manchmal regungslos auf einem Bein, und jeder denkt: Jetzt löst er eine Aufgabe. Die Wildgans freute sich, flog hinab auf den Teich, schwamm zum Storch heran und erzählte ihm, wie sie einem Flug Artgenossen begegnet sei und welches Rätsel ihr die Leitgans aufgegeben habe. Sie könne es aber nicht lösen.

„Hm!..." räusperte sich der Storch. „Wir wollen versuchen, es zu lösen. Sei aufmerksam und gib dir Mühe, daß du alles verstehst. Hörst du?"

„Ich höre und werde mir Mühe geben!" antwortete die Wildgans.

„Also! Wie sagte sie zu dir? Wenn man zu dem Flug Wildgänsen noch ebensoviel hinzufügt, dann noch einhalbmal soviel, dann einviertelmal soviel und dann noch dich, dann wären es hundert? Nicht wahr?"

„Ja!" antwortete die Gans.

„Jetzt schau her", sagte der Storch, „was ich dir hier auf den Ufersand zeichne."

Der Storch krümmte seinen Hals und zog mit dem Schnabel einen Strich, daneben noch einen gleich großen, dann einen halb so großen, danach einen viertel so großen Strich und noch ein kleines Strichelchen, fast einen Punkt. Das ergab folgendes Bild:

Die Wildgans schwamm zum Ufer, stieg aus dem Wasser, watschelte auf den Sand, schaute auf die Zeichnung, verstand aber nichts.

„Verstehst du das?" fragte der Storch.

„Nein, noch nicht!" antwortete die Gans.

„Schau einmal her: Wie sagte sie zu dir, ein Flug und noch ein Flug und ein halber Flug und ein viertel Flug und du? So habe ich es auch gezeichnet: ein Strich und noch ein Strich, dann ein halber Strich und ein viertel Strich und noch ein kleines Strichelchen, und das bist du. Hast du verstanden?"

„Das habe ich verstanden!" sagte die Gans erfreut.

„Wenn zu dem Flug, der dir begegnete, noch ein gleich großer hinzukommt, und dann ein halber und dann ein viertel und dann du, wieviel erhältst du dann?"

„Hundert Gänse!"

„Und wieviel sind es also ohne dich?"

„99."

„Gut! Lassen wir in unserer Zeichnung den Punkt, der dich darstellt, weg, und merken wir uns, daß 99 Gänse übrigbleiben."

Der Storch schrieb mit seinem Schnabel in den Sand:

ein Flug        ein Flug

ein halber Flug   ein viertel Flug

99 Gänse

„Jetzt überlege einmal", fuhr der Storch fort, „wieviel Viertel hat ein halber Flug?"

Die Gans überlegte, blickte auf die Striche und sagte:

„Die Linie, die den halben Flug bedeutet, ist doppelt so lang wie die Linie für ein Viertel des Flugs, d. h., die Hälfte besteht aus 2 Vierteln."

„Prachtkerl!" lobte der Storch die Gans.

„Nun, und wieviel Viertel hat der ganze Flug?"

„Natürlich 4!" antwortete die Gans.

„So ist es! Wenn du jetzt einen Flug und noch einen Flug und einen halben Flug und einen viertel Flug in Viertel umrechnest, wieviel Viertel sind das dann im ganzen?"

Die Gans überlegte und antwortete:

„Ein Flug, das sind soviel wie 4 Viertel, und noch ein Flug sind noch einmal 4 Viertel, zusammen also 8 Viertel; und noch ein Viertel, sind zusammen 11 Viertel, und das macht zusammen 99 Gänse."

„So ist es!" bestätigte wiederum der Storch. „Jetzt sage an, was du am Ende herausbekommen hast!"

„Ich habe herausbekommen", antwortete die Gans, „daß in 11 Vierteln des Flugs 99 Gänse sein müßten."

„Und wieviel Gänse gehören folglich zu einem Viertel des Flugs?"

Die Gans teilte 99 durch 11 und antwortete: „In einem Viertel des Flugs sind 9 Gänse."

„Nun, und wieviel sind in dem ganzen Flug?"

„Im ganzen sind 4 Viertel . . ., ich begegnete 36 Gänsen!" rief freudig die Gans aus. „Ja, so ist es", sprach feierlich der Storch.

Diese Aufgabe läßt sich in der Sprache der Algebra sehr kurz aufschreiben und lösen. Nehmen wir ein Viertel des Flugs mit x an. Dann beträgt der ganze Flug 4x und der halbe Flug 2x. Danach haben wir: $4x + 4x + 2x + x = 99$ oder $11x = 99$, woraus folgt: $x = 99 : 11 = 9$, und $4x = 4 \cdot 9 = 36$. Der Flug besteht aus 36 Gänsen.

# Logik im Wettstreit

---

oder
Früh übe sich, wer ein Meister
werden will

### 110. Sinnvolle Schelte?

Ein Kind wird von seiner Mutter gescholten, weil es gelogen hat. Das Kind setzt sich zur Wehr: „Ich habe dich in meinem ganzen Leben nur zweimal beschwindelt und nicht mehr." Darauf die Mutter: „Dann hast du jetzt das dritte Mal gelogen."

Unser kleiner Dialog ist recht volkstümlich, meinen Sie nicht auch? Läßt sich mit den Mitteln der Aussagenlogik prüfen, ob die Mutter recht hat, ob ihre Reaktion logisch sinnvoll ist?

### 111. Torten-Lüge

Claudia, Tanja und Stephanie reiten ein tolles Steckenpferd: Sie sammeln Tortenrezepte aus aller Welt. Auf einer Kinderparty sagt die etwas wichtigtuerische Stephanie: „Jeder von uns dreien hat eine ungerade Anzahl von Rezepten. Zusammen sind es 850!"

Tanja grinst und meint so nebenbei zu Stephanie, daß auch zum Lügen eben manchmal etwas Mathematik gehöre. Betroffen schaut Stephanie Tanja an: „Wie bist du hinter meine Lüge gekommen?"

### 112. Gefahr für ein Rendezvous

Schlaftrunken fährt Sabine hoch: „Donnerstag, heute treffe ich Peter!" Im Nu ist sie beim Frühstück und stellt routiniert ihre Uhr nach der morgendlichen Zeitansage im Radio. „8.00 Uhr, bin spät dran", murmelt sie und eilt flugs aus der Wohnung.

Am Nachmittag, es ist 16.00 Uhr, stellt sie erschreckt fest, daß ihre Uhr, leider hat sie keine Quarzuhr, 16 Minuten nachgeht. Peter ist superpünktlich. Sabine fürchtet um ihr Rendezvous. Wie muß sie 16.00 Uhr ihre Uhr stellen, damit sie 20.00 Uhr die genaue Zeit anzeigt, wenn man annimmt, daß die Uhr kontinuierlich nachgeht?

### 113. Wahr oder falsch?

Welche der folgenden 4 Aussagen sind wahr, welche falsch?

1. Wenn ein einem Kreis einbeschriebenes Vieleck gleichseitig ist, so ist es auch gleichwinklig.

2. Wenn ein einem Kreis einbeschriebenes Vieleck gleichwinklig ist, so ist es auch gleichseitig.

3. Wenn ein einem Kreis umbeschriebenes Vieleck gleichseitig ist, so ist es auch gleichwinklig.

4. Wenn ein einem Kreis umbeschriebenes Vieleck gleichwinklig ist, so ist es auch gleichseitig.

## 114. Zahlenrebus

Mit Hilfe arithmetischer Überlegungen soll man die Zahl t und die Ziffer a finden, so daß folgende Gleichung erfüllt ist:
$3(230 + t)^2 = 492a04$.

## 115. Haare auf dem Kopf

Gibt es in einer Stadt wie Kopenhagen (1,3 Mio Einwohner) 2 Menschen, die die gleiche Anzahl Haare auf dem Kopf haben?

## 116. Nur ein Datum

Irene stellt ihrer Freundin in einem Jahr, das kein Schaltjahr ist, folgende Aufgabe:
„Wenn man zur Hälfte der Zahl der bis heute verflossenen Tage dieses Jahres ein Drittel der Zahl der restlichen Tage des Jahres addiert, erhält man die Zahl der verflossenen Tage. Den heutigen Tag habe ich zu den verflossenen gezählt."
Geben Sie das Datum an, an dem das geschieht!

## 117. Milchmädchenrechnung

Ein gewitztes, aber vergeßliches Milchmädchen stand hinter einer leeren 10-l-Kanne, einer gefüllten 7-l-Kanne und einer vollen 3-l-Kanne. Eine Kundin verlangte nach hämischem Seitenblick auf des Mädchens mangelhafte Verkaufsausrüstung 2 l Milch. Das Milchmädchen schreckte zusammen — hatte es doch die Einfüll-maße vergessen und auch keine Chance, welche auszuborgen. Die Kundin bemerkte den Schreck, zog ihre stark geschminkten Augenbrauen zusammen und sagte unerbittlich: „Genau 2 l Milch bitte, aber exakt abgemessen, wenn's geht!" Dabei breitete sich ein hämisches Grinsen über ihr Gesicht ...
Plötzlich leuchteten die Augen des Milchmädchens auf. Ihr war die rettende Idee gekommen.
Wissen Sie, wie sie die Kundin zufriedenstellte?

### 118. Der Zifferteufel im Setzerkasten

Ein Spielzeugsetzerka-sten verfüge über 2649 Ziffern. Wieviel Seiten eines Buches lassen sich dann von 1 an fortlau-fend numerieren, wenn alle 2649 Ziffern benutzt werden?

### 119. Sprachverwirrung

Christian ist 28 Jahre alt. Er ist doppelt so alt, wie Petra war, als Christian so alt war, wie Petra heute ist.
Wie alt ist Petra?

### 120. Räubernamen

Im Gasthaus „Zum Radbruch" sitzen 7 Männer am gescheuerten Holztisch und lassen den Würfelbecher kreisen. „Sie spielen um die Beute", denkt Pälz, der Gendarm, und hadert mit seinem Los, gerade hier am Rande des finsteren Thüringer Waldes nach den Räubern Ausschau halten zu müssen, die die Postkutschen auf der alten Salzstraße ausrauben. Vom Jagdfieber gepackt, läßt er sich bei den Männern am Tisch nieder und überlegt, wo er den einzel-nen Burschen schon begegnet ist. Nicht einmal ihre Vor- und Zu-namen bringt er richtig zusammen: „Einer heißt Wilhelm, vier Veit, einer Kurt und einer Edgar", denkt er und versucht, sich ihrer Familiennamen zu erinnern. „Zwei der Burschen sind doch Brüder mit Namen Grunzhau, einer heißt Kirschenpfad und vier heißen Schickerling", sinnt er weiter nach. Wer aber welchen Vor- und Zunamen trägt, daran kann sich der Gendarm nicht erinnern. Da-bei ist das doch zumindest bei einem der Männer klar, meinen Sie nicht auch?

### 121. Die königliche Prüfung

Prinzessin Rosenmund hält Audienz im Marmorsaal, dessen Fen-ster auf den schrecklichen „Garten der Drachen" hinausgehen. Ferdinand, der Königssohn des Nachbarreichs, bittet Rosenmund um ihre Hand. Die dunklen Augen des schwarzhaarigen Mäd-chens huschen über den schönen Jüngling. Er gefällt ihr wohl, doch will sie ihn nach Prinzessinnenart einer Prüfung unterziehen:

„Hol mir aus dem ‚Garten der Drachen' einen goldenen Apfel",
sagt sie, sehr wohl wissend, daß der Garten von 3 hohen Mauern
umgeben und von 3 habgierigen Drachen bewacht wird.
Als Ferdinand zum ersten Tor kommt, fordert der Drache die
Hälfte von dem als Tribut für die Freigabe des Rückwegs, was Ferdinand bei sich tragen wird. Am zweiten Tor wiederholt sich das
Spiel: Der zweite Drache fordert allerdings zwei Drittel und der
dritte gar drei Viertel all dessen, was der Königssohn jeweils bei
sich tragen wird.
Wieviel Äpfel muß der Königssohn pflücken, um den Tribut an
alle Drachen zu zahlen und einen Apfel der Prinzessin geben zu
können?
(Ob wohl ein realitätsgerechteres Märchen aus unserer Drachen-
story wird, wenn wir anstatt des Prinzen die schöne Rosenmund in
Gefahr und Prüfung schicken?)

---

Nos mathematici sumus isti veri poetae sed quod fingimus nos et
probare decet.
„Wir Mathematiker sind die wahren Dichter, nur müssen wir das,
was unsere Phantasie schafft, noch beweisen."

*Kronecker*

---

### 122. Straßenbahnzeit
Onkel Richard spielt mit seinem Neffen Tim Schach. Als sie eine
Partie beendet haben, fragt Tim: „Wie lange haben wir heute für
eine Partie gebraucht?" Sein Onkel antwortet: „Ich habe nicht auf
die Uhr geschaut, aber aus dem Fenster und gezählt, daß die Straßenbahn in Stadtrichtung genau zehnmal an unserem Haus vorbei-
gefahren ist. Die erste Bahn ist gekommen, als wir mit dem Spiel
begonnen haben, und die zehnte, als wir gerade fertig waren." (Die
Bahn fährt alle 15 Minuten.)
Wie lange haben Onkel und Neffe Schach gespielt?

### 123. Stellen Sie sich vor . . .
3 Kugeloberflächen durchdringen sich.
Wieviel Punkte gibt es, in denen alle 3 Kugeloberflächen zusammentreffen?

### 124. Häuserlogelei

In mehreren Häusern wohnen Kinder unterschiedlichen Alters. Diese lieben verschiedene Naschereien, haben verschiedenes Spielzeug und verschiedene Lieblingsfarben. Jedes Haus ist anders angestrichen.

Folgende Angaben sind wahr:

1. 5 Häuser stehen nebeneinander.
2. Bettina wohnt im gelben Haus.
3. Der große rote Ball mit den blauen Punkten gehört Thomas.
4. Das Kind im grünen Haus ist ein Eis-Fan.
5. Sonja kaut den ganzen Tag Kaugummi.
6. Das grüne Haus steht rechts vom orangefarbenen.
7. Dem Kind mit der Lieblingsfarbe Gelb gehört der große Kaufladen.
8. Die Farbe Blau liebt das Kind im blauen Haus.
9. Eierkuchen vertilgt man gern im mittleren Haus.
10. Sibylle wohnt im ersten Haus.
11. Das Kind mit der Lieblingsfarbe Rot wohnt neben dem Haus mit dem schönen Kasperletheater.
12. Das Kind mit der Lieblingsfarbe Blau lebt neben dem Haus mit der sprechenden Puppe.
13. Das Kind mit der Lieblingsfarbe Lila ißt gern Schokolade.
14. Sven schwärmt für Grün.
15. Sibylle wohnt neben dem weißen Haus.

In einem der 5 Häuser gibt es eine Autorennbahn, in einem nascht man Lolly-Balls.

Verteilen Sie Häuserfarben, Namen, Naschereien, Spielzeug und Lieblingsfarben auf die 5 Häuser!

### 125. Ein Rundholzbalken

Ein Rundholzbalken hat ein Gewicht von 300 N.

Welche Gewichtskraft würde der Balken haben, wenn er doppelt so dick, aber nur halb so lang wäre?

### 126. Luftpost per Fahrrad?

Ein Motorradfahrer war von einem Postamt nach dem Flugplatz zur Ankunft eines Flugzeugs geschickt worden. Das Flugzeug kam aber vor der flugplanmäßigen Zeit an, und die Post war mit einem Radfahrer zum Postamt geschickt worden. Als der Radfahrer eine halbe Stunde des Wegs zurückgelegt hatte, begegnete er dem Motorradfahrer, der die Post übernahm und unverzüglich umkehrte. Im Postamt traf der Motorradfahrer 20 Minuten früher ein, als er hätte da sein müssen.

Wieviel Minuten vor der flugplanmäßigen Zeit war das Flugzeug angekommen?

### 127. Gläserklingen

7 Personen stoßen auf einer Feier miteinander an. Wie oft klingen die Gläser?

### 128. Schiffe im Hafen

In einem Hafen hatten 4 Schiffe festgemacht. Am Mittag des 2. Januar 1953 verließen sie gleichzeitig den Hafen.

Es ist bekannt, daß das erste Schiff alle 4 Wochen in diesen Hafen zurückkehrte, das zweite alle 8 Wochen, das dritte alle 12 Wochen und das vierte alle 16 Wochen. Wann trafen alle Schiffe das erste Mal wieder in diesem Hafen zusammen?

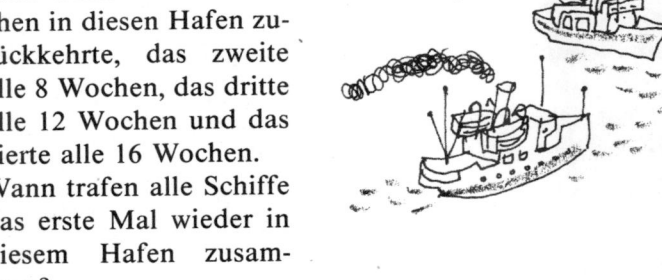

### 129. Wettervorhersage

Kann man, wenn es um Mitternacht regnet, erwarten, daß nach 72 Stunden sonniges Wetter ist?

## 130. Fahrplanspiel

Eine Straßenbahn fährt mit 10 Minuten Abstand quer durch eine Stadt. Die Fahrtdauer beträgt 40 Minuten. Der Fahrplan sieht vor, daß zur gleichen Zeit an beiden Enden je ein Wagen eintrifft, wenn ein anderer, der gerade 10 Minuten gewartet hat, seine Fahrt wieder beginnt.

1. Wieviel Wagen begegnet man bei einer vollen Fahrt (mitgerechnet die Wagen im Augenblick der Abfahrt und Ankunft)?

2. In welchen Zeitabständen begegnen sich die Wagen?

3. Wieviel Wagen muß die Direktion auf der Straße einsetzen?

## 131. Altersprobleme

Wollen Sie bitte anhand der folgenden Angaben das Verhältnis meines Alters zu dem Ihrigen klarstellen!

Sie und ich sind zusammen 86 Jahre alt. Mein Lebensalter beträgt $\frac{13}{16}$ von dem Lebensalter, das Sie dann haben werden, wenn mein Lebensalter $\frac{9}{16}$ von der Zahl Jahre beträgt, die Sie zählen, wenn Sie das Alter erreichen, das doppelt so groß wie die Zahl meines Alters zu dem Zeitpunkt ist, zu dem ich doppelt so alt wie Sie sein könnte. Wie alt bin ich, und wie alt sind Sie?

Diese Aufgabe kann man auf folgende recht geistreiche Weise lösen:

1. Zu irgendeinem Zeitpunkt kann ich doppelt so alt wie Sie sein. Wenn zu diesem Zeitpunkt Ihr Alter x ist, dann ist das meine 2x. Zur besseren Anschaulichkeit stellen wir dieses Verhältnis der Lebensalter durch 2 Strecken dar, von denen eine doppelt so lang ist wie die andere:

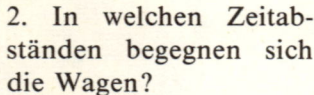

Hieraus folgt, daß ich x Jahre älter bin als Sie, und diese Differenz bleibt zwischen unseren Lebensaltern.

2. Zu irgendeinem anderen Zeitpunkt beträgt mein Alter $\frac{9}{4}$ des Ihrigen zum Zeitpunkt 1. Die Strecke, die mein Lebensalter darstellt, muß jetzt von der Länge $2\frac{1}{4}x$ sein und Ihr Alter, wie immer, um x weniger, d. h. $1\frac{1}{4}x$:

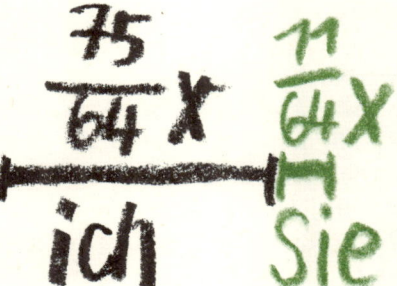

3. Jetzt beträgt die Zahl meines Alters $\frac{15}{16}$ Ihres Alters zum Zeitpunkt 2, d. h., $\frac{15}{16} \cdot \frac{5}{4}x = \frac{75}{64}x$, und Sie sind nach wie vor x Jahre jünger: $\frac{75}{64}x - x = \frac{11}{64}x$:

Da wir jetzt zusammen 86 Jahre sind, sind $\frac{75}{64}x + \frac{11}{64}x = 86$. Hieraus folgt x = 64. Demnach bin ich jetzt $\frac{75}{64} \cdot 64 = 75$ Jahre, und Sie sind $\frac{11}{64} \cdot 64 = 11$ Jahre alt.

Das ergibt sich nach der Aufgabe. In Wirklichkeit bin ich noch lange nicht 75 Jahre alt; dafür sind Sie wahrscheinlich älter als 11 Jahre.

129

Nun lösen Sie eine ähnliche Aufgabe: Ich bin jetzt doppelt so alt wie Sie damals waren, als ich so alt war, wie Sie jetzt sind. Wenn Sie so alt sind, wie ich jetzt bin, werden wir zusammen 63 Jahre alt sein. Wie alt ist jeder von uns?

## 132. Die Sache mit dem Würfel
Ein Holzwürfel mit einer Kantenlänge von 30 cm soll in Würfel von 10 cm Kantenlänge zersägt werden.
a) Wieviel Schnitte muß man dabei ausführen? (Das Sägen im Paket soll nicht gestattet sein.)
b) Wieviel Würfel erhält man?

## 133. Der Rest für den Affen
In Illustrierten aus dem Jahre 1926 tauchte erstmalig das folgende interessante Problem auf:

5 schiffbrüchige Matrosen gelangten auf eine Insel und sammelten dort Nüsse, um ihre Ernährung für die kommenden Tage zu sichern. Die Nüsse schütteten sie zu einem Haufen inmitten ihres Lagers auf. In der Nacht hatte jeder der 5 Matrosen den Proviant für eine bestimmte Zeit zu bewachen. Als der erste seine Wache angetreten hatte und sich die anderen zur Ruhe begeben hatten, befürchtete der Matrose, übervorteilt zu werden. Er teilte die Nüsse in 5 gleiche Teile und nahm sich seinen Teil. Bei der Teilung blieb eine Nuß übrig, die er einem Affen zuwarf.
Den nächsten Matrosen überkam während seiner Wachtzeit der gleiche Argwohn. Er teilte die Anzahl der noch verbliebenen Nüsse in fünf Teile, nahm sich seinen Teil, und wieder blieb bei der Teilung eine Nuß als Rest. Diese Nuß erhielt ebenfalls der Affe. Der gleiche Vorgang wiederholte sich beim dritten, vierten und fünften Matrosen.
Am Morgen wurden die verbliebenen Nüsse schließlich an alle 5 Matrosen gleichmäßig verteilt, und auch bei dieser letzten Teilung blieb für den Affen eine Nuß als Rest.
Wieviel Nüsse hatten die Matrosen am Tag mindestens gesammelt, und wieviel erhielt jeder Matrose bei der letzten Teilung?

**134. Kugelraten**

In einem Kasten befinden sich 70 Kugeln: 20 rote, 20 grüne, 20 gelbe, und der Rest sind schwarze und weiße.

Wieviel Kugeln müßten Sie im Dunkeln aus dem Kasten herausnehmen, um mindestens 10 Kugeln mit gleicher Farbe zu erhalten?

**135. Intelligenztest**

Ermüdet von den Streitgesprächen und der sommerlichen Hitze, legten sich 3 alte griechische Philosophen zum Ausruhen ein wenig unter einen Baum im Garten der Gelehrtenschule und schliefen

ein. Während ihres Schlummers beschmierten ihnen 2 Lausbuben die Stirnen mit Kohle. Als sie erwachten und sich ansahen, brachen sie in Gelächter aus. Keiner machte sich Gedanken, da jeder überzeugt war, daß die beiden anderen sich auslachten.

Plötzlich hörte einer der Weisen auf zu lachen, weil er begriffen hatte, daß auch seine Stirn beschmirt war.

Durch welche Überlegung bestand er den lausbübischen Intelligenztest?

**136. Verwirrung im Jagdhaus**

Der Tag versank langsam in der Dämmerung, und meine am Morgen durch den Neuschnee gezogene Skispur war kaum noch zu er-

kennen, als ich durchnäßt und erschöpft zum Jagdhaus zurückkehrte. Auch meine Streichhölzer waren unbrauchbar geworden.
Im dunklen Haus tastete ich mich zum großen Eichenschrank, wo
ich 3 Paar Schuhe und 12 Paar Socken aufbewahrte. Beim Suchen
geriet mir alles durcheinander. Ich hatte nun ein Knäuel von 6
Schuhen und 24 Socken vor mir.

Die beschauliche Abgeschiedenheit meines Jagdhauses bringt
einen Nachteil mit sich, es gibt kein elektrisches Licht. Und so
wurde mir bewußt, daß ich das Knäuel ins fahle Abendlicht hin-
ausschleppen mußte, um es zu entwirren.

Wieviel Schuhe und Socken mußte ich höchstens hinaustragen, um
wenigstens jeweils 1 komplettes Paar zu erwischen?

### 137. Peters Strafe

Das Tischtennismatch war zu Ende. Unsere siegesfreudige Aufre-
gung legte sich sehr schnell, als wir bemerkten, daß einige unserer
Fahrräder keine Ventile mehr hatten. Als Dieb kam nur einer von
uns in Frage. Wir kamen sofort auf Peter, denn sein Fahrrad litt
unter ständigem Ventilmangel. Er leugnete, doch dies half ihm
nichts. Als Strafe drohten wir ihm an, er müsse einen Monat lang
alle unsere Fahrräder aufpumpen. In unseren Kreisen galt eine
solche Strafe als hart und entehrend, und so gaben wir ihm eine
Chance auf Begnadigung: Er hatte die folgende Aufgabe zu lösen.
Peter wurden nacheinander Eigenschaften einer bestimmten reel-
len Zahl zugerufen, aus denen er die Zahl erraten sollte.

Lutz: „Die Zahl ist durch 4 teilbar!“

Franka: „Die Zahl ist der Radius eines Kreises, dessen Umfang
die Länge 2 hat!“

Mark: „Die Zahl ist kleiner als 3!“

Oliver: „Die Zahl ist die Länge der Diagonalen eines Quadrats,
dessen Seite die Länge 2 hat!“

Dana: „Die Zahl ist irrational!“

Kolja: „Die Zahl ist der Flächeninhalt eines gleichseitigen
Dreiecks, dessen Seite die Länge 2 hat!“

Ferner erfuhr Peter, daß von den Schülern Lutz und Franka, Mark
und Oliver sowie Dana und Kolja jeweils genau einer die Wahrheit gesagt hat.

Welche Zahl sollte Peter erraten?

Ein Kunstmaler will 5 Äpfel als Vorlage für ein Stilleben benutzen.
Er legt die Äpfel auf eine Kommode, um sie beim Malen in Augen-
höhe vor sich zu haben. Die Fläche, auf der die Äpfel liegen, er-
scheint dadurch als Linie. Er überlegt, wie er die Äpfel anordnen
kann. Wenn der Maler ein Übereinanderstapeln der Äpfel vermeiden will, kommen für 2 von den Äpfeln nur die drei abgebildeten
Lagemöglichkeiten in Betracht.
Wieviel verschiedene Anordnungen sind dann bei den 5 Äpfeln
möglich, und welche sind es?
(Zwei Anordnungen in einander entgegengesetzter Reihenfolge sollen als voneinander verschieden gelten.)

isoliert          berührend          überdeckend          133

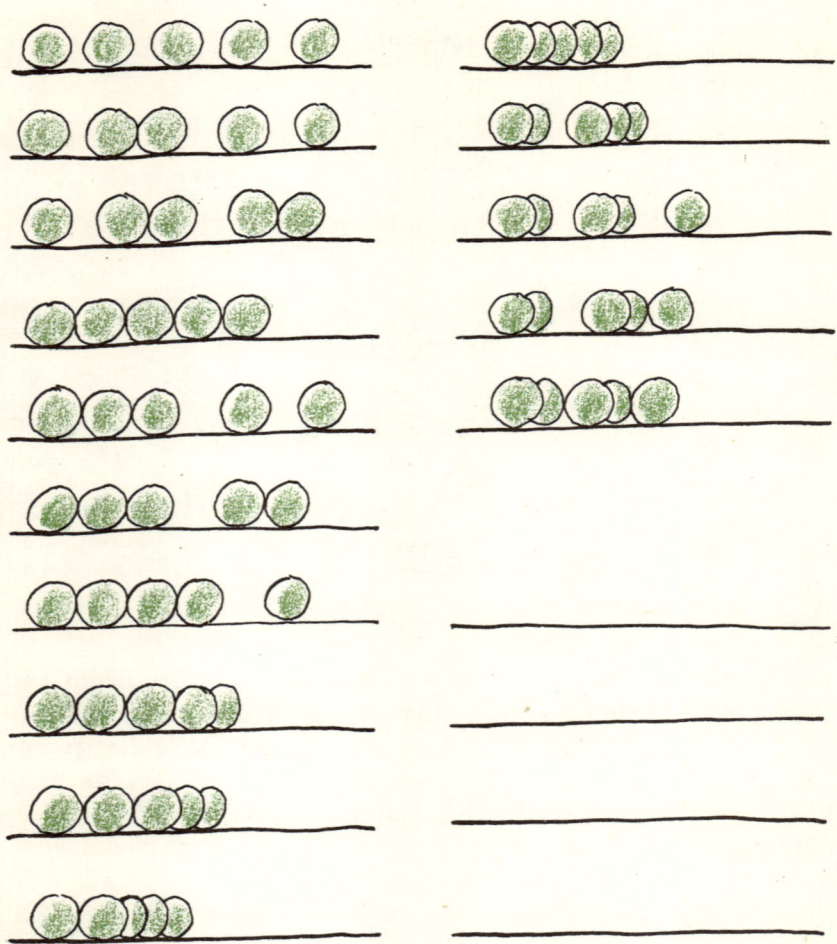

Die hier dargestellten Möglichkeiten hat der Kunstmaler bereits herausgefunden. Helfen Sie ihm doch bei seinen Überlegungen! Sie finden sicher noch andere Anordnungen. Es gibt nämlich insgesamt $^wV_3^4 = 3^4 = 81$.

**110. Sinnvolle Schelte?**
Die Mutter hat unrecht. Hätte das Kind, wie sie behauptet, das dritte Mal gelogen, dann hätte es vorher zweimal gelogen, also die Wahrheit gesprochen.

Lösung

**111. Torten-Lüge**
Tanja erklärt Stephanie: „Deine Behauptung ist falsch, denn die Summe zweier ungerader Zahlen ist stets eine gerade Zahl.
Die Summe aus einer geraden und einer ungeraden Zahl aber ist immer eine ungerade Zahl."

**112. Gefahr für ein Rendezvous**
8 h = 480 min, 16 min Zeitdifferenz,
4 h = 240 min, x min Zeitdifferenz.
480 : 16 = 240 : x,
$$x = \frac{16 \cdot 240}{480},$$
x = 8.
Wenn Sabines Uhr in der Zeit von 8.00 Uhr bis 16.00 Uhr 16 Minuten nachgeht (kontinuierlich), so werden es für die bis 20.00 Uhr verbleibenden 4 Stunden 8 Minuten sein, die die Uhr nachgehen wird. Sabine muß die Uhr 16.00 Uhr also 8 Minuten vorstellen, um pünktlich 20.00 Uhr beim Treff mit Peter zu sein.

**113. Wahr oder falsch?**
Die Aussage 1 ist wahr.
Verbindet man den Mittelpunkt des Kreises mit den Endpunkten des Vielecks, entstehen lauter gleichschenklige kongruente Dreiecke. Daraus folgt die Gleichheit der Vieleckswinkel.
Die Aussage 2 ist falsch, da auch jedes Rechteck einen Umkreis besitzt.
Die Aussage 3 ist falsch, da jedem Kreis ein Rhombus umschrieben werden kann.
Die Aussage 4 ist wahr. Verbindet man den Mittelpunkt des Kreises mit den Eckpunkten des Vielecks und zeichnet die Radien zu den Berührungspunkten der Vieleckseiten, entstehen jeweils kongruente Dreiecke, die im rechten Winkel, dem Berührungsradius und der Verbindungsstrecke übereinstimmen. Da dadurch die Vieleckswinkel halbiert werden, sind alle rechtwinkligen Dreiecke kongruent und infolgedessen die Vieleckseiten gleich lang.

135

### 114. Zahlenrebus

Die Lösung geht von der Beobachtung aus, daß die linke Seite der Gleichung durch 9 teilbar ist. Folglich muß auch die Quersumme $4 + 9 + 2 + a + 4$ durch 9 teilbar sein. Aber $4 + 9 + 2 + 4 = 19$; daher ist $a = 8$. Andere Werte für a kann es nicht geben, weil a weder eine negative noch eine mehrstellige Zahl sein darf. Wenn wir jetzt die Quadratwurzel aus 492 804 ziehen, erhalten wir $3(230 + t) = 702$. Also ist $t = 4$.

### 115. Haare auf dem Kopf

Der Mensch hat im Höchstfall 100 000 Haare auf dem Kopf. In einer Stadt mit über 100 000 Einwohnern müssen also eindeutig mehrere Personen gleich viel Haare auf dem Kopf haben.

### 116. Nur ein Datum

Bezeichnet man mit x die Zahl der verflossenen Tage, so gilt die Gleichung:

$$\frac{x}{2} + \frac{365 - x}{3} = x.$$

Man erhält $x = 146$.

Das Datum ist der 26. Mai.

### 117. Milchmädchenrechnung

Das Mädchen gießt die volle 3-l-Kanne in die leere 10-l-Kanne; dann füllt sie aus der vollen 7-l-Kanne wieder die 3-l-Kanne und gießt diese wieder in die 10-l-Kanne. In der 7-l-Kanne bleiben dann noch 4 l, von denen 3 l nochmals in die 3-l-Kanne und von da in die 10-l-Kanne wandern. Das letzte Liter der 7-l-Kanne wird in die 3-l-Kanne geschüttet. Die 10-l-Kanne enthält nunmehr 9 l. Füllt man mit diesen die leere 7-l-Kanne wieder auf, so bleiben 2 l in der 10-l-Kanne zurück.

136 $(2 = 3 + 3 + 3 - 7.)$

## 118. Der Zifferteufel im Setzerkasten

| Seiten | Ziffernzahl |
|--------|-------------|
| 1—9    | 9           |
| 10—99  | 180         |
| folgende | 3x        |

$$2649 = 189 + 3x,$$
$$x = 820.$$

Es können 919 Seiten bedruckt werden.

## 119. Sprachverwirrung

Betrachten Sie nicht 2 Personen, sondern 4 Alter, und die Verwirrung ist behoben:
Heutiges Alter von Chistian: 28 Jahre.
Als er so alt war, wie Petra heute ist, war Petra $28 \cdot \frac{1}{2} = 14$ Jahre. Petras heutiges Alter sei mit x bezeichnet. Dann folgt:

$$x - 14 = 28 - x,$$
$$2x = 42,$$
$$x = 21.$$

Petra ist heute 21 Jahre alt.

## 120. Räubernamen

Den Namen Veit Schickerling hätte der Gendarm zusammenbringen müssen, denn 4 Männer heißen Veit, aber nur 3 nicht Schickerling.

## 121. Die königliche Prüfung

Beim ersten Wächter muß der Königssohn noch 2 Äpfel haben, beim zweiten $3 \cdot 2 = 6$ Äpfel und beim dritten, zu dem er ja zuerst kommt, $4 \cdot 6 = 24$ Äpfel. Kurz $1 \cdot 2 \cdot 3 \cdot 4 = 24$.
Der Königssohn muß 24 Äpfel pflücken, wenn er einen der Prinzessin überreichen will.

137

**122. Straßenbahnzeit**
Sie haben 2 Stunden 15 Minuten Schach gespielt.

**123. Stellen Sie sich vor ...**
Zur Vorstellungshilfe wird das Nebeneinander in ein zeitliches
Nacheinander zerlegt. Es sei eine grüne, eine blaue und eine rote
Kugelfläche gegeben. Die rote lassen wir zunächst beiseite, die
grüne und blaue treffen sich dann in einem grünen Kreis. Dieser,
mit der roten Kugel geschnitten, ergibt 2 Durchschnittspunkte.

**124. Häuserlogelei**

|  | 1. Haus | 2. Haus | 3. Haus | 4. Haus | 5. Haus |
|---|---|---|---|---|---|
| Hausfarbe | Blau | Weiß | Gelb | Orange | Grün |
| Name | Sibylle | Sonja | Bettina | Thomas | Sven |
| Nascherei | Lolly-Ball | Kaugummi | Eierkuchen | Schokolade | Eis |
| Spielzeug | Kasperletheater | Puppe | Kaufladen | Ball | Autorennbahn |
| Lieblingsfarbe | Blau | Rot | Gelb | Lila | Grün |

**125. Ein Rundholzbalken**
Mit der Verdopplung des Durchmessers vervierfacht sich die Ge-
wichtskraft des anderen Stamms. Sie beträgt also 1200 N. Durch
Verkürzung der Länge auf die Hälfte verringert sich die Gewichts-

kraft auf die Hälfte. Sie beträgt also 600 N. Deshalb muß der dicke, kurze Rundholzbalken doppelt so schwer wie der längere und dünnere sein.

Lösung

## 126. Luftpost per Fahrrad?
Der Motorradfahrer war 20 Minuten weniger unterwegs, als er gebraucht hätte, um den Weg zum Flugplatz und wieder zurück zum Postamt zurückzulegen. Die Zeitersparnis entstand dadurch, daß er diesmal nicht bis zum Flugplatz fuhr. Diese 20 Minuten hätte er für die Strecke vom Treffpunkt mit dem Radfahrer bis zum Flugplatz und zurück benötigt. Um den Weg nur in einer Richtung, z. B. vom Treffpunkt mit dem Radfahrer bis zum Flugplatz zurückzulegen, hätte er 10 Minuten gebraucht. Wir wissen aber, daß der Motorradfahrer den Radfahrer traf, als dieser 30 Minuten unterwegs war, d. h. eine halbe Stunde nach der Ankunft des Flugzeugs. Da der Motorradfahrer zur rechten Zeit vom Postamt weggefahren war und er zu diesen 30 Minuten noch 10 Minuten bis zum Flugplatz gebraucht hätte, folgern wir, daß das Flugzeug 40 Minuten vor der flugplanmäßigen Ankunftszeit auf dem Flugplatz eingetroffen war.

## 127. Gläserklingen
Jeder erste Partner kann 6 verschiedene zweite Partner wählen. Dies ergibt 42 Verbindungen. Da aber das Paar I—II und II—I dasselbe ist, gibt es nur 21 verschiedene Paare, 21 Klänge.

## 128. Schiffe im Hafen
Das k. g. V. der Zahlen 4, 8, 12 und 16 ist 48. Folglich trafen die Schiffe nach 48 Wochen wieder zusammen, d. h. am 4. Dezember 1953.

## 129. Wettervorhersage
Nein, da nach 72 Stunden, d. h. nach dreimal 24 Stunden wieder Mitternacht ist und die Sonne nachts nicht scheint (wenn sich die Sache nicht jenseits des Polarkreises bei Mitternachtssonne abspielt).

## 130. Fahrplanspiel
1. Es begegnen einem fahrenden Wagen alle übrigen auf der Strecke in Betrieb befindlichen Wagen, nämlich bei der Abfahrt

der unmittelbar nachfolgende Wagen, dann der Reihe nach die darauffolgenden, zum Schluß der (gerade wartende) Vorgänger.

2. In 5 Minuten („relative" Geschwindigkeit ist verdoppelt!).

3. 10 Wagen.

### 133. Altersprobleme

Wenn wir mein Lebensalter durch die Strecke $\overline{AB}$ (s. Abb. 131) und das Ihrige durch die Strecke $\overline{CD}$ darstellen, dann gibt die Strecke $\overline{KB}$ an, vor wieviel Jahren mein Alter gleich dem Ihrigen war. Aber vor soviel Jahren war Ihr Alter um die Strecke $\overline{ND} = \overline{KB}$ geringer; das läßt sich durch die Strecke $\overline{CN}$ ausdrükken, die halb so groß ist wie die Strecke $\overline{AB}$. Hieraus folgt, daß auch die Strecke $\overline{MB}$ zweimal die Strecke $\overline{KB}$ enthält. Die Strecke $\overline{AB}$ enthält viermal die Strecke $\overline{KB}$, und $\overline{CD}$ enthält sie dreimal.

Wenn Sie so alt sein werden, wie ich jetzt bin, dann wird Ihr Alter durch eine Strecke ausgedrückt, die gleich der Strecke $\overline{AB}$ ist, die aber, wie festgestellt, viermal die Strecke $\overline{KB}$ enthält. Aber auch mein Alter hat sich zu diesem Zeitpunkt um die Strecke $\overline{KB}$ vermehrt und wird durch eine Strecke ausgedrückt, die fünfmal die Strecke $\overline{KB}$ enthält.

Nach der Bedingung sind $4\,\overline{KB} + 5\,\overline{KB} = 63$, d. h., der Abschnitt $\overline{KB}$ stellt 7 Jahre dar. Folglich sind Sie jetzt 21 Jahre alt, und ich bin 28 Jahre alt, was in der Tat die Hälfte meines gegenwärtigen Alters darstellt.

### 132. Die Sache mit dem Würfel

Man teilt den Würfel durch 2 Schnitte in 3 Quader mit den Kantenlängen 10 cm, 30 cm, 30 cm. Jeder dieser 3 Quader wird wieder durch je 2 Schnitte in 3 Quader mit den Kantenlängen 10 cm, 10 cm, 30 cm geteilt. Das sind weitere 6 Schnitte. Wir haben jetzt 9 Quader, die wieder durch je 2 Schnitte, also insgesamt 18 Schnitte, in Würfel mit der gewünschten Kantenlänge 10 cm, 10 cm, 10 cm geteilt werden. Wir haben insgesamt 26 Schnitte benötigt. Aus den letzten 9 Quadern sind durch die jeweils 2 Schnitte insgesamt 27 Würfel entstanden.

## 133. Der Rest für den Affen

Wird die Mindestzahl der Nüsse mit a bezeichnet, so kann man folgendes System diophantischer Gleichungen aufstellen:

$$a = 5x_1 + 1$$
$$4x_1 = 5x_2 + 1$$
$$4x_2 = 5x_3 + 1$$
$$4x_3 = 5x_4 + 1$$
$$4x_4 = 5x_5 + 1$$
$$4x_5 = 5x_6 + 1$$

Lösung

Jede dieser Gleichungen charakterisiert eine der sechs vorgenommenen Teilungen. Die Variablen $x_1$, $x_2$, $x_3$, $x_4$, $x_5$ bedeuten nacheinander die Anteile der fünf Matrosen bei der jeweiligen Teilung, und $x_6$ ist die Anzahl der Nüsse für jeden Matrosen bei der letzten Teilung. Durch fortgesetzte Substitution von unten nach oben ergibt sich aus diesem System die diophantische Gleichung $1\,024\,a = 15\,625\,x_6 + 11\,529$.

Das Lösen dieser Gleichung erfordert, geht man systematisch vor, einen zu großen Aufwand. Wird das Problem jedoch allgemein behandelt, so kann man die Lösung durch Überlegungen relativ schnell finden. Bezeichnet man die Mindestzahl der erforderlichen Nüsse mit a, die Anzahl der Matrosen mit n und die Anzahl der Nüsse, die nach jeder Teilung für den Affen übrigbleiben, mit r, so ist das folgende System diophantischer Gleichungen zu lösen:

$$a = n \cdot x_1 + r$$
$$(n - 1)x_1 = n \cdot x_2 + r$$
$$(n - 1)x_2 = n \cdot x_3 + r$$
$$\cdot$$
$$\cdot$$
$$\cdot$$
$$(n - 1)x_{n-1} = n \cdot x_n + r$$
$$(n - 1)x_n = n \cdot x_{n+1} + r$$

Die Variablen $x_1, \ldots, x_n$ haben die gleiche Bedeutung wie $x_1, \ldots, x_5$ im oben angeführten speziellen Fall. $x_{n+1}$ ist die Anzahl der Nüsse für jeden Matrosen bei der letzten Teilung. Natürlich muß $r < x_{n+1}$ sein. Werden die Variablen von unten nach oben schrittweise eliminiert, so ergibt sich

$$a = \frac{n^{n+1}}{(n-1)^n} \cdot x_{n+1} + r \cdot \left[\left(\frac{n}{n-1}\right)^n + \left(\frac{n}{n-1}\right)^{n-1} + \left(\frac{n}{n-1}\right)^{n-2} + \right.$$

141

$$\ldots + \left(\frac{n}{n-1}\right)^1 + 1\Big].$$

Die Klammer enthält eine geometrische Reihe mit dem Quotienten $\left(\frac{n}{n-1}\right)$. Wird auf diese Reihe die Summenformel angewendet, so kann der entstehende Ausdruck in die Form gebracht werden:

$$a = \frac{x_{n+1} + r}{(n-1)^n} \cdot n^{n+1} - (n-1)r.$$

Alle hier auftretenden Größen ($n$, $x_{n+1}$, $r$) müssen natürliche Zahlen sein, also auch der Faktor

$$\frac{x_{n+1} + r}{(n-1)^n}.$$

Der kleinste Wert für diesen Faktor ist null. In diesem Falle ergibt sich aber für a eine negative ganze Zahl. Ist jedoch

$$\frac{x_{n+1} + r}{(n-1)^n} = 1,$$

so ist a eine natürliche Zahl, und diese muß folglich die kleinste sein, die die gegebenen Bedingungen erfüllt. Für den vorliegenden speziellen Fall ist $n = 5$ und $r = 1$. Berücksichtigt man noch

$$\frac{x_{n+1} + r}{(n-1)^n} = 1,$$

so folgt schließlich $a = n^{n+1} - (n-1) \cdot r = 5^6 - (5-1) \cdot 1$, also $a = 15\,621$. Darüber hinaus hat man
$$x_{n+1} = (n-1)^n - r = 4^5 - 1 = 1\,023.$$
Jeder Matrose erhält bei der letzten Teilung 1 023 Nüsse.

### 134. Kugelraten

Sie müßten mindestens 38 Kugeln aus dem Kasten nehmen. Würden Sie 37 Kugeln nehmen, könnten Sie 9 grüne, 9 rote, 9 gelbe und 10 schwarze und weiße Kugeln erwischen.

Nehmen Sie 38 Kugeln heraus, sind mit Sicherheit 10 gleiche dabei.

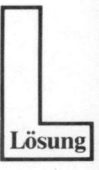

**135. Intelligenztest**

A überlegte: „Jeder von uns denkt, daß sein eigenes Gesicht sauber ist. So ist B überzeugt, daß sein Gesicht sauber ist, und lacht über das schwarzbeschmierte Gesicht des Weisen C. Aber wenn B sehen würde, daß mein Gesicht sauber ist, dann würde er sich wundern, warum C lacht, weil in diesem Falle C keinen Grund zum Lachen hätte. Indessen wundert sich B nicht, folglich kann er denken, daß C über mich lachen muß. Folglich ist mein Gesicht schwarz."

**136. Verwirrung im Jagdhaus**

Ich mußte 4 Schuhe und 13 Socken mit hinausnehmen.
Unter 4 Schuhen müssen 2 zusammenpassen. Unter 13 Socken müssen 2 von gleicher Farbe und gleichem Muster sein.
Nimmt man weniger Schuhe, kann es passieren, daß alle von verschiedener Farbe sind. Nimmt man weniger Socken, kann es ebenfalls passieren, daß kein Paar zusammenpaßt.

**137. Peters Strafe**

Wenn Kolja die Wahrheit gesagt hätte, müßte Danas Feststellung falsch sein, da von beiden genau einer die Wahrheit gesagt haben soll.
Diese Annahme führt zum Widerspruch, da auch Kolja die Zahl als irrational charakterisiert hat. Also hat Dana die Wahrheit gesagt. Demnach ist die Aussage von Lutz falsch und Frankas Angabe stimmt. Aus ihr folgt: $x = \dfrac{1}{\pi}$.
Die Aussagen von Mark und Oliver sind überflüssig.

**Der Vergess**

Er war voll Bildungshung, indess
soviel er las
und Wissen aß,
er blieb zugleich ein Unverbeß,
ein Unver, sag ich, als Vergeß;
ein Sieb aus Glas,
ein Netz aus Gras,
ein Vielfreß-
doch kein Haltefraß.
                    *Christian Morgenstern*